消失的边界
屏幕技术下的界面设计

陈慰平　著

Disappearing Boundary
Interface Design under Screen Technology

北京大学出版社
PEKING UNIVERSITY PRESS

中央高校基本科研业务费专项资金资助

目录

前言

屏幕技术催生了界面设计。20世纪60年代以来，作为一种新的视觉语言方式，界面设计拥有全新的设计理念和设计规范。人类进入智能化的时代远比预期的迅速，这给设计带来极大的冲击和挑战，但也给予了设计师无限的可能性。设计师在界面设计的影响下，应该怎样去设计，反过来又会助力这样的时代往哪里去？分析智能时代下界面设计的方方面面，继而讨论设计的未来是迫切又有现实意义的。

本书梳理了智能时代前期屏幕技术的发展史，揭示了屏幕技术与界面设计之间的关联，这种关联往往因为专业领域的藩篱而被很多设计师忽略。可以说，人们是通过屏幕完成与机器的信息交流。屏幕实现了人类与虚拟世界的连接，屏幕所营造出的界面是虚拟世界的索引，是人们与虚拟世界交互的方法和手段。界面设计是建立在屏幕技术基础上的界面表达方式，是衍生当下诸多设计视觉形式的基石。

屏幕是现实窗口与虚拟窗口的边界，人们通过屏幕认识到现实世界与虚拟世界的不同，也意识到虚拟世界的广阔，以及虚拟世界如何成为促进科技发展的必要因素。从某种程度上来说，只有了解构造可控的虚拟世界的过程与发展脉络后，我们才会明白界面设计生发的关键，以及屏幕对未来世界的重要影响。从中，我们也会看到随着屏幕技术的发展，界面设计从"怕看不见"发展到"怕被看得见"，这一趋势几乎颠覆了传统平面设计的理念。

屏幕是塑造者，它赋予了现代科技社会不断融合、兼并的特质，这一特质外化于界面设计，使界面设计成为现今世界上被广泛理解和应用的模式之一。从笨重的球面到轻薄的平面，从一个机器、一个功能到更多的设备和功能被整合在一起，边界逐渐建立，又逐渐消失。这不仅体现在外化的物质上，还体现在社会结构和人的心理上。产业边界在消失，地域差异给人的心理带来的边界也在消失。各种壁垒的打破使我们的生活变得越来越开放和便捷。

设计师每天利用界面进行工作，既是丰富设计视觉形式的使用者，又是构建者。这种双重身份要求设计师必须关注技术环境以及在技术环境中生发的界面设计动态。对技术环境及技术环境下设计可能性的研究和"什么是设计与设计视觉形态"等课题一样，都是设计学科的重要研究方向。与其他涉及"做什么，怎么做"的课题不同，对技术环境及技术环境下设计视觉语言的研究更为基础，关系到"从哪里来，到哪里去"的问题。对这个基础问题的研究，将有助于设计师厘清现有工作模式是怎样产生的，以及技术对其灵感和想象有怎样的影响，从而帮助他们有效地应对当下技术环境迅猛发展的态势，引发他们对未来工作方向的深入思考。同时，屏幕环境下的界面设计研究不仅仅关系到设计师，还涉及更广泛的用户群体，关系着世界的未来面貌。在科技面前，如果要真正做到人人平等、人人受益，技术是推手，界面是关键。

陈慰平

2018年7月于北京

第一章

从哪里来，到哪里去

现代科技都可能相当复杂，不过，复杂本身无所谓好坏；坏是坏在令人困惑。别再埋怨一件东西复杂了；该埋怨的是令人困惑的设计。我们应该埋怨让我们觉得无助、无力却又不让我们了解和控制的任何东西。[1]

——唐纳德·诺曼

如果不考虑历史悠久的文化传承，"设计"一词无论是从内涵还是外延上讲，都是一个从属于现代社会的概念。在漫长的"图案化"时代，人们可以通过哥特式教堂铅条窗花格固定的彩色玻璃感受五彩斑斓的光芒营造出的圣境氛围，也可以在奥地利象征主义画家古斯塔夫·克里姆特的作品中感受

1　[美]唐纳德·诺曼:《好设计不简单：和设计师联手驯服复杂科技，享受丰富生活》，卓耀宗译，台湾远流出版公司，2011年，第30页。

象征主义装饰性的光辉；在中国，点翠、刺绣等传统工艺则一直彰显着"工之巧美"。但这些都无法等同于现代社会的设计，甚至19世纪90年代在英国由招贴画家、雕塑家、珠宝匠人发起的新艺术运动及20世纪初以康定斯基为代表激发人心灵深处对单纯色彩块面、线条之美渴求的抽象主义，也只能算作现代设计的一个开端。

现代社会的设计普遍存在于人们的日常生活中。一方面，设计是各种趣味元素的排列组合，体现人工的智慧和美；另一方面，与用户体验密切相关的实用性更是它不可或缺的特质。设计遵循美的原理，但并不放弃实用性，从这一角度来说，设计是艺术与生活的交叉。好的设计不仅关照到美学、材料，还关照到人们的体验和感受；好的设计会深入消费生活，带来经济效益。好的设计会以前所未有的规模影响人们的生活方式及未来态度，可以说，现代社会带来了设计，设计反过来又会促使社会更加现代化。

在科技飞速发展的今天，社会走到了"智能时代"[1]，"交互"不再单单指生命体之间的信息交流，而是人们更多地通过机器获得信息。普遍的个人或者说个体需求是智能时代发展的基础与动力。那么，在智能时代，人们通过什么完成与机器的信息交流呢？答案显而易见，那就是屏幕。人们几乎每天都会与屏幕打交道，它满足了人们与虚拟世界的链接。中国古代儒家经典《荀子·大略》中说道："天子外屏，诸侯内屏。""屏"指的是影壁（图1-1），即对着门的小墙。现在的屏幕就是连接现实世界与虚拟世界的影壁。屏幕所营造出的界面是虚拟世界的脸面，也是人们与虚拟世界交互的端口。界面设计是人们与虚拟世界相互理解的方式。没有屏幕，就没有现在的界面；没有现在的界面设计，就没有现在的智能生活。因此，梳理屏幕技术下界面设计的发展，分析它所面临的挑战，讨论它的设计原则及未来趋势在智能时代的今天无疑是重要的。这样有助于推动智能时代的发展，实现更美好的未来。

1　智能技术是基于物联网的概念，是新一代信息技术的重要组成部分。在智能时代，用户端延伸和扩展，在物品之间进行信息交换。

图 1-1　影壁

"设计"从来不是一个孤立的概念

　　"设计"从来不是一个孤立的概念，它的出现是社会进入机械时代、市场经济的必然结果。它是属于艺术的，其视觉性来源于人类对美感的内在追求，与绘画、雕塑等艺术形式的发展有着密切关系，是艺术风格嬗变的敏感者；它是属于人本的，在满足人情感需求的同时，也致力于人的实际需要；它是属于科学的，材料、功能、工艺的创新往往在设计领域率先开始；它更是属于时代的，生活方式、时代观念、政治局面、经济模式都会对设计的实践及发展产生深远的影响。

如果我们想对智能时代屏幕技术下的界面设计进行讨论，就必须从设计的普遍性出发去寻找一些研究方法。第一，历史学的一些方法，通过线性的梳理构建屏幕技术和界面设计的发展历程，使人们清晰地看到我们所研究内容的全貌；第二，跨学科的方法，以重建历史语境，考量各个阶段艺术、社会、科技对界面设计的影响、推动或抑制；第三，比较分析的方法，便于我们了解各种因素在界面设计发展中的作用，从而为我们的推论奠定基础；第四，图像学的方法，可以使我们讲述的内容更加丰富和有趣；第五，实例与个案相结合的方法，对界面设计发展历程中的重点事件及产品进行专门的分析和研究，用"节点"营造清晰的结构；第六，社会心理学的一些方法，便于我们讨论界面设计下用户的适用性问题；第七，回溯方法，物理学告诉我们力的作用是相互的，社会、经济等因素对界面设计产生影响，反过来，界面设计又会对社会的发展、经济的进步、人的体验产生反作用力。弄清楚这种反作用力是否具有一定的规律，继而指导我们实践并预测未来？这是本书希望达到的一个重要目标。

本书主要讨论两个问题：第一，屏幕与界面设计怎样构造可控的虚拟世界，屏幕的出现怎样为人类构造了可视的虚拟世界，带来了视觉体验的革命；第二，从屏幕技术中酝酿而出的界面设计是怎样建立和发展的，它应遵循怎样的原则和趋势。"桌面"的概念使界面设计走上一条拟物的路径，规则的制定使这门语言可为设计师所用。未来，什么会最终决定界面的结局？

如何理解屏幕与界面设计

设计应该追求遥不可及的未来，还是可实现的现在？设计应该更多地追求形式美感，还是实用与服务？设计应该追求大众潮流，还是小众文化？这些问题关注的无疑都是设计的未来。今天，这些问题的答案显得无足轻重，人们不再形而上地讨论事物背后的终极准则，而只是探究各种不同的倾向，这归根结底是在讨论我们未来想要生活在什么样的世界。

那么，没有终极的准则是不是意味着设计是支离破碎和杂乱无章呢？答案当然是否定的，在不同倾向的表象下，人们依然需要寻找一些表达的共性。界面设计是指人们为解决人机交流问题提出的具有一定共性的表达方式，是一种表象或模式。"模式"概念比较早地出现在建筑设计领域，后来被应用于软件领域，再后来就被引入界面设计领域。在多元社会下具有不同倾向性的界面设计，"模式"概念的引入能够很好地帮助我们描述界面设计所包含的共通的原则。

在过去的几十年间，屏幕从球面到纯平再到液晶，界面也从键盘文本输入过渡到不断更新换代的"窗口"和无处不在的触摸屏。屏幕技术的发展将界面设计抛给了设计领域，在此之前，科技与设计从未如此接近。但作为与设计息息相关的重要人群之一——设计师，是否很快掌握界面设计这一打开人与虚拟世界信息交流的视觉语言呢？另一群人——用户，是否真的感受到界面设计的善意呢？那些技术的创作者是否可以抛开设计师，让人们感受到科技的乐趣呢？显然是不容乐观的。

在设计界，产品设计、平面设计、工业设计、服装设计、建筑设计等传统设计门类发展的时间较长，人们也更容易理解并适应它们的变化；它们与纯艺术的联系也很直接，大量纯艺术家参与其中，提高了人们对实用艺术的期待及关注度；它们与新材料、新工艺的关系也很融洽，设计师很容易在工业化的生产线上找到解决问题的灵感。然而，界面设计出现的时间较短，受信息技术的影响较大，它与纯艺术有着很大的隔阂。这是现今设计师所面临的极大挑战，只有在技术、美学、应用三个方面保持平衡，设计师才能成就好的界面设计，用户才能体验到信息科技带给他们的便捷及趣味。

一般来说，技术、美学、应用还未达到很好的平衡。技术提供的模块化语言依然显得高高在上，无法直接转化为视觉的美感及自然的应用，缺乏设计的原有意义；而忠于平面设计基础的设计师还不能游刃有余地利用技术，将晦涩的技术语言转化为视觉语言，为用户提供满意的服务。与界面设计密切相关的因素处在相互牵扯、磨合的阶段，我们越来越重视视觉清晰，却忽略了视觉的节奏和变化。发展屏幕技术的同时却也限制了它的很多可能性，屏幕技术这把双刃剑一方面推动着设计风格、语言、方法的更新，另一方面却使设计在强大的技术面前显得力不从心。实践的层面影响到了理论与研究的层面，技术讲技术，设计讲设计，自说自话的情况比较多。目前，几乎没有研究是将屏幕技术与界面设计一起来谈的，它们分处在两个不同的研究领域，很多设计师并不了解屏幕技术的发展为界面设计提供了怎样的历史环境，缺乏技术支撑的界面设计研究更多地关注它单纯美化的功能，而没有深入地探究这一设计门类与技术发展以及用户体验之间的相关性。本书希望从屏幕技术出发研究界面设计的过去和未来，通过具体的节点性案例显示屏幕技术与界面设计的重要价值和意义，以弥补目前界面设计研究领域的不足。

界面设计是交互设计大家庭的重要一员。如果说传统的设计方式，如工业设计、平面设计依靠的是有形的物体，创造的是人类可见的生活，那么交互设计依靠的是电脑、手机、网络技术提供的交互式科技，塑造的是人类全新的工作方式及娱乐模式。这是交互设计教育界的著名学者吉莲·克兰普顿·史密斯在2002年为"交互设计"下的定义，这个定义在当时多少带着对可见未来的预测和期许，而在今天已经有了广泛的实例。在日常生活中有无所不在的电脑和手机，我们利用它们完成社交，创造音乐、场景，模拟环境，导航，创作各种各样的视觉艺术，还利用它们购物等。

"交互"是人与技术的交互，是人与技术的载体——电脑、手机等的交互，不仅依赖技术，更需要界面。界面设计帮助人们更进一步理解界面。目前是传统平面设计和交互设计交替的时代，如何延续传统平面设计的精华并利用新科技所带来的便捷是我们当下面临的问题。关于屏幕技术发展历史的梳理是研究当今界面设计和未来发展的重要部分，对屏幕技术的研究不仅能够增进我们对界面设计发展脉络的理解，丰富我们对界面设计的认识，同时，对于我们展望未来的界面设计也具有重要的参考意义。因此，笔者计划先从交互设计、屏幕技术、界面设计三个方面的研究入手。

比尔·莫格里奇的《关键设计报告:改变过去影响未来的交互设计法则》[1]

1　［美］比尔·莫格里奇:《关键设计报告:改变过去影响未来的交互设计法则》，许玉铃译，中信出版社，2011年。

是关于交互设计的一部重要著作。作为一名设计师，比尔·莫格里奇经历了交互设计的一些关键性的发展历程，因此，他对那些重要人物的访谈具有重要的文献价值，此书的一些实例正是来源于此。施耐德曼和普莱萨特合著的《用户界面设计：有效的人机交互策略》[1]从交互系统的可用性、技术原则、开发过程、界面操纵、虚拟环境等方面构建了界面实现的技术准备及可实现效果。斯科特和尼尔合著的《Web界面设计》[2]采用信息架构与视觉设计相结合的方式讨论基于Web环境的界面设计形式。维格多和威克森合著的《自然用户界面设计：NUI的经验教训与设计原则》[3]研究了界面设计中的最新理念与实践——触屏与手势，这是目前界面设计最可见的趋势之一。以上几部著作对于本书梳理界面设计的发展，有着重要的启示。唐纳德·诺曼的《好设计不简单：和设计师联手驯服复杂科技，享受丰富生活》[4]一书从社会心理学层面表述了以用户为基础的设计标准，启发了笔者的一些认识。除此之外，戎跋的《数码村：网络第二生涯》[5]一书对移动互联网、数据中心、高速固网及保护个人数据、价值链的未来进行了梳理，这是界面设计目前与未来面临的重大环境。斯克莱特和莱文森合著的《视觉可用性：数字产品设计的原理与实践》[6]论述的一些数字产品设计的基本原则及对层级、视觉可用性工具的分析，也给笔者提供了灵感。

　　这些研究对交互设计、界面设计的很多方面进行了梳理，并提出自己的一些观点，但它们都未将屏幕技术引入对"界面设计语言"的讨论。较早提及"屏幕"概念的是马歇尔·麦克卢汉，他在《理解媒介：论人的延伸》一

1　[美]施耐德曼、普莱萨特：《用户界面设计：有效的人机交互策略（第5版）》，张国印等译，电子工业出版社，2011年。
2　[美]斯科特、尼尔：《Web界面设计》，李松峰译，电子工业出版社，2015年。
3　[加]维格多、[美]威克森：《自然用户界面设计：NUI的经验教训与设计原则》，季罡译，人民邮电出版社，2012年。
4　[美]唐纳德·诺曼：《好设计不简单：和设计师联手驯服复杂科技，享受丰富生活》，卓耀宗译，台湾远流出版公司，2011年。
5　[法]戎跋：《数码村：网络第二生涯》，汪晖译，中国传媒大学出版社，2010年。
6　[美]斯克莱特、莱文森：《视觉可用性：数字产品设计的原理与实践》，王晔、熊姿译，机械工业出版社，2015年。

书中将以屏幕为重要载体的电视称为"羞怯的巨人"，他认为电视远胜讲解和印刷，并分析了电视所具有的一些特殊性：不能被当作背景伴声，一旦介入，观众必须与之合拍；具有碎片性，不是面向生产者，而是面向消费者；等等。[1]麦克卢汉的观点虽然有一定的历史局限性，但他关注到了屏幕在信息传递方面的一些特点以及对用户的影响，这正是笔者关注的问题之一。大卫·索伯恩和亨利·詹金斯合著的《反思媒介变革：美学的转型》一书认为随着媒介的迭代，视觉文化的潮流发生了变化，美学也随之经历了转型，这启发了笔者对技术迭代与界面视觉语言发展关系的思考。除了上述提到的，还有一些与主题有关的专题论文以及著作，在此不一一列出。

1　［加］马歇尔·麦克卢汉：《理解媒介：论人的延伸》，何道宽译，商务印书馆，2000 年，第 380 页。

第二章

边界的设立

　　屏幕的出现就是边界的设立，大量用户通过界面设计所带来的便利和乐趣产生对电脑的信任。界面设计在操作系统中不断迭代，使设计行业在短时间内得到前所未有的发展。设计师的能力不断提高，用户对界面的需求也不断提高，他们不再满足于被提供、被界定，而是更积极地投入界面设计的领域。界面设计获得充分的社会认同和发展，无处不在的界面和屏幕导致社会各个领域都发生了改变。对界面和屏幕的依赖影响了社会生活的方方面面，模糊了原有社会结构的边界，更模糊了人心理的边界，同时界面和屏幕的边界也随着技术及设计理念的进步而变得模糊不清，直至走向消失。对这一趋势的分析和讨论有助于前瞻性地规划界面设计的最新原则，从而推动智能时代下设计的发展。

　　在中国古汉语中，"屏"主要指的是照壁，即对着门的短墙，又引为屏风、屏障；"幕"最早指的是带顶的帐篷，后来也指代帘幕，有覆盖、庇护的

图 2-1　元人《江天楼阁图》

意思。"屏幕"作为一个词语很早就出现了，是屏帐的意思。在传为唐代谷神子所作的《博异记》中称："不疑召春条，泣于屏幕间。亟呼之，终不出来。"[1] 由此来看，无论是"屏""幕"，还是"屏幕"，在中国古代都可以分割空间。值得注意的是，古人不仅在实物使用意义上运用"屏幕"一词，还将其扩展到形而上的层面。例如，宋代王庭珪有诗说道："人生异趣各有托，年少何如老人乐。老来万事不挂怀，乐处勿忧儿辈觉。疾雷破山吾不惊，亦赖天教闲处着。两部池蛙当鼓吹，万叠云山作屏幕。"[2] 元代王礼描写园池之美，也有"以峰峦为障图，以云雾为屏幕"[3]之说（图2-1）。明代邓云霄《游九嶷记》写山势之峻，将"天"喻为"大屏幕"[4]。这几处"屏幕"已从实体的屏帐延伸为大的"背景"，与"前景"相对。

现代设计领域中的"屏幕"并不是中国古代词汇的延伸，而是翻译自英文"Screen"。英文中的"Screen"较早指的是可移动的或不可移动的装置，通常是一个可覆盖的范围，它提供屏障或者是一个分区。这和中文词汇"屏幕"的原意大致是相同的。但在今天，"屏幕"有了新的含义，并且应用广泛，使人们几乎忘记了它原本的意思。这个含义就是"显示屏"，一种覆盖在机器表面的显示图像及色彩的输出设备。以"屏幕"指代这种输出设备，是恰当而又有依据的。这种输出设备就像是引导人们进入虚拟世界的"门"，营造的是一种"分区"，即分割出一块特殊的空间。但同时，用"屏幕"指代用以显示图像及色彩的输出设备也有对传统含义的突破。"帐篷""屏障""屏帐"等区分空间的同时，也有保护、遮蔽之意；而现在，我们使用的"屏幕"则完全可以帮助人们了解另一个曲折、隐晦而复杂的世界。现在的"屏幕"，其意不在"遮"而在"显"。明白这样的变与不变，易于我们理解现在"屏幕"所具有的两个特性：一是空间，一是显示。这也是屏幕操作系统通常被称为"窗户""窗口"或"视窗"的原因。我们是通过窗口了解另一个世界，

1　〔宋〕李昉：《太平广记（四）》卷三七二 "精怪五"。
2　〔宋〕王庭珪：《题王主簿逸老堂》，见《卢溪集》卷七，《文渊阁四库全书》本。
3　〔元〕王礼：《城南园池记》，见《麟原文集》"前集"卷七，《文渊阁四库全书》本。
4　〔明〕蒋鐄：《九嶷山志》卷六，明万历刻本。

并与之进行信息的交流。

19世纪末，随着映像管原理的发现，屏幕技术的不断发展使人类的视觉得到了前所未有的延伸，时至今日，我们不但可以得到逼真的效果，更能使它得以保存。屏幕的发明者不会想到，世界上已存在超过14亿台电视、20亿台电脑、56亿台手机、87亿台设备连接在互联网上。数据还在不断更新，屏幕的应用也在不断地扩大，我们在日常生活中面对屏幕的时间已经远远多于纸张。据2010年《纽约时报》统计，美国8—18岁的青少年平均每天在屏幕面前7.5个小时。这个时间还在不断增加。中国也经历着重大的转变，电脑、手机、游戏机在短短十几年内迅速普及，虽然还有人担心这种局面带来的各种社会及健康问题，但不可否认的是，更愿意尝试新鲜事物的青年一代已经迅速与世界接轨了。而对于世界上30—50岁的成年人来说，每天面对屏幕的时间更长，他们通过屏幕工作、休闲、娱乐、联络，甚至寻求更为细致的服务。

从窗口到虚拟窗口

> 就像我们很容易就能把水、煤气和电子从遥远的地方引进我们的住所一样。我们也将配备一些视觉形象或音响效果，我们也只需做一个简单的动作，一个简单的手势就能使这些影像或效果出现或消失……我不确定，说不定哲学家曾梦想有一家公司会专门把真实的感觉快递到家里。[1]
>
> ——保罗·瓦莱利《无处不在的征服》

保罗·瓦莱利在1928年预测了现代通信的重要特征，那就是图像和声

---

[1] 保罗·瓦莱利：《无处不在的征服》(1928 年)，收自作者文集《艺术片论集》(*Pièces sur l'art*)，Maurice Darantière，第 105 页。

音都会成为一种工具，一个简单的手势就能使它们出现或消失，而"真实的感觉"可以递送到家里。近一百年过去了，瓦莱利的预测在很大程度上成为现实，倚仗新型传输和电子系统的自发光屏幕已经全面替代传统的投射屏幕，这种系统甚至可以把电脑屏幕和电视连接起来，并具有人机对话的交互功能。

要深入研究现在这种具有可移动性的虚拟屏幕，就要先了解"Window（窗口）"的由来。"Window"是从古诺尔斯文"Vindauga"演变而来，原意为"wind·eye"，可解释为"风·眼睛"。人类最早的窗户可能只是作为透光通风的孔洞（图2-2），后来出现的玻璃窗在分割空间的同时，具有可视性的重要功能。中国传统绘画中所谓的"卧游"是将绘画本身看作一扇窗户，透过这扇窗户，文人墨客体味着行万里路的情怀。中国古代园林的建造讲究曲径通幽、移步换景，窗户在其中起着关键的作用。窗外一角或半边的景致与形态各异的窗户相互映衬，产生恬静淡远的美感。现代人通常对"面朝大海，春暖花开"有着美好的想象，究其原因，这样的想象与窗户也是分不开的。

窗户（特别是玻璃窗）是屏幕的前身。在窗户面前，我们是观者。20世纪，影像是通过投射而传播，窗户也自然成为屏幕的比喻，但随着屏幕的发展，"窗户"的含义也已经大大地发展了。在窗户面前，我们不再是纯粹的观者，窗户已经超越了原先人们赋予它的意义。在屏幕形成的窗口前，"看风景"实在是太平常了，取而代之的是人机互动、虚拟空间与信息交流。电影银幕、电视屏幕、电脑屏幕、手机屏幕等在内的现代屏幕家族，日渐成为一个重要的信息制造与传递的媒介。

"窗口"的意义和性质在什么时候开始转变，并逐渐具有现代的虚拟特性呢？这不得不提到19世纪出现的照相术。在照相术出现之前，绘画在一定程度上承担了照相术的功能，那就是以图像的方式记录某个现实的片段。虽然两者在客观性、还原度上有明显的区别，但毋庸置疑的是，在照相术出现前的漫漫历史长河中，绘画在帮助人类进行形象化记忆方面具有举足轻重的作用。这样的例子在艺术史中不胜枚举：早在约公元前15000年的法国，人类

图 2-2 卡斯鲁斯城堡西北部的斯特丁大楼的窗户

就利用岩洞壁画[1]来记录狩猎或巫术的历史场景；1831年发现于庞贝古城遗址的古罗马时期的镶嵌画《伊苏斯之战》[2]，描绘了公元前333年亚历山大与波斯国王大流士三世在伊苏斯进行的一场战役；等等。1826年，法国发明家约瑟夫·尼塞福尔·涅普斯拍摄出了世界上公认的第一张照片（图2-3）。事实上，人类很早就发现了支撑照相术产生的"小孔成像原理"，古希腊哲学家亚里士多德在其著作《质疑篇》中就提到了小孔成像；而在中国，春秋战国时期的著名思想家、军事家墨子在其著作《墨经》中就已解释了这一现象。但直到19世纪，科学家才解决了一直困扰照相术产生的重要问题，那就是怎样将影像保存下来。涅普斯利用铅锡合金板对家中阁楼的窗户进行拍摄，并将其发明的感光材料放进暗盒，曝光时间超过8小时，从而制造了一个特定时间点上特定空间的图像。

涅普斯的发明因为保存图像时间较短，而没有直接宣告摄影术的诞生，但却由此揭开了现代照相术发展的序幕。不久，涅普斯的朋友，法国另一位发明家路易·达盖尔取得了突破性的进展。他找到更为适合的感光材料及显影定影技术，人们称之为"达盖尔银版摄影术"，该摄影术不久被法国政府收购，后由法国政府宣布将这个发明向全世界免费公开。人类的第一幅照片是一扇打开的窗户，这并不是巧合，而是一种预言，涅普斯的发明预示着人类从此突破了实体的窗户，开始走向虚拟的窗户。这扇窗户并不是人类想象出来的"虚拟"，而是通过技术手段记录下来的以实体为基础的真实的虚拟。

照相术传递的是某一时间、某一空间的信息，人们很快不满足于这种静态单一的信息表述，从而希望被照片记录的单一的时间点和空间点可以延长变成连续的动态影像，这样可以极大地增强虚拟的真实性。显然，这种大胆的想法单单依靠相纸是不可能实现的。当然，电影技术并不是照相术简单的延伸和发展，它是在光学、机械学等相关学科协同发展的基础上出现的。在

1　法国拉斯科洞窟壁画，人类美术史上早期重要的绘画记录。
2　镶嵌画《伊苏斯之战》，1831年于庞贝古城遗址发现，据说是根据公元前4世纪希腊画家菲罗克西诺斯的同名壁画复制的。

图 2–3 《在莱斯格拉的窗外景色》，法国发明家约瑟夫·尼塞福尔·涅普斯在他的家中拍摄出了世界上公认的第一张照片，1826 年

中国，秦汉时期就出现的"走马灯"游戏利用的是人眼在观看时的一个特殊现象，即"视觉暂留"现象。这一现象也称"余晖效应"，指人眼在观察动态的景物时，光信号传入大脑神经，需要经过一段短暂的时间（0.1—0.4秒），光的作用结束后，视觉形象并不立即消失。这一现象由英国学者皮特·马克·罗葛特在他1824年的研究报告《移动物体的视觉暂留现象》中正式提出。"余晖效应"是动态影像技术得以产生的重要理论基础，而照相术为

动态影像技术提供了保存影像的方法。在理论基础及影像保存技术得到解决后，就是如何放映的问题了。

最先找到解决方法的是美国著名的发明家爱迪生。18世纪末至19世纪的工业革命浪潮带动科学技术快速发展，并通过发明家迅速转化为生产力。爱迪生是人类历史上最重要的发明家之一，他建立了自己的电气工程实验室，专门从事发明，活动视镜（图2-4）是他众多发明创造中的重要一项。活动视镜是一种电影观看装置，虽然还不是真正的电影放映机，但它具备了活动影像放映的基本元素——高速运转的胶片、光源，单人可以通过一个视镜箱体顶部的放大镜窗口来观看箱体内的活动画面。为了使更多的人能同时看到活动影像，法国的卢米埃尔兄弟在爱迪生活动视镜的基础上发明了电影放映机。这种电影放映机依靠更为稳定的投影技术，将爱迪生盒子中的活动影像释放了出来。活动影像被投射在一块白色的幕布上，为增强光的反射能力，幕布通常被涂上银粉或铝粉，因此，电影幕布又被称为"银幕"。这应该算作现代意义上的屏幕的最早形态。在一个窗口框架内，电影幕布提供流动的虚拟信息，供观众欣赏。至此，窗口正式走过实体与虚拟的分水岭。它不再是透明的，透过窗口，人们看到的是另一个貌似真实而与实体又有着本质差异的虚拟世界。

关于现代意义上的屏幕与窗户、窗口的关系，美国电影与媒体记者安妮·弗雷伯格在《虚拟视窗》[1]一书中做了分析和描述。她认为窗户就是人类视觉经验的本质，虚拟视窗的出现改变的是人类视觉机制中实体与时空的概念。笔者认为安妮·弗雷伯格从窗户到屏幕的观点在技术上能很好地解释屏幕的由来，并符合人们对屏幕发展走向的心理预期。1936年，电影《笃定发生》描述了未来2036年的世界，虚拟的电子屏幕已经取代了窗户，电影中的老人看着墙面的屏幕说道："窗户已经历时四百年了。"（图2-5）

---

1   Anne Friedberg, *The Virtual Window: From Alberti to Microsoft,* The MIT Press, 2006, p.138.

图 2-4　活动视镜，爱迪生，1895 年

图 2-5　电影《笃定发生》中 "窗户已经历时四百年了" 的对白，1936 年

科技的选择与必然

19世纪上半叶，照相术拓展了人类记录历史的方式，在这之前，人们通过文字、图画来记录社会的变迁与文明的发展，但这两种方式都无法真实展现历史的场景。虽然从现在来看，受到拍摄者立场、情绪、角度、目的、方式、风格等不确定因素的影响，照片还不能完全真实客观地反映某一特定时间、特定环境下发生的特定事件，但是，与文字、图画相比，照片在历史还原度方面具有质的改变和飞跃。随着照相术的发明，人们开始对方寸之间所能记录及传递的信息有所期待。直至电影的出现，人们通过屏幕彻底地获得了一种"信息自由"，屏幕不但能展示影像，而且这影像还可以是动态的。

电影的发展及广泛传播改变了人们传统的信息获取途径，但却并未对传统的信息传播途径造成毁灭性的影响。报纸、杂志等依赖文字、绘画的平面传媒也在这一时期兴盛起来，与照片、电影处于和谐共生的状态。它们各有自己的领域，相互之间又有一定的交叉。照相馆用于满足个人化的需求，摄影记者为报纸、杂志提供的用于佐证文字的纪实图片等同于绘画的风光图片。方便、快捷、复制量大的报纸、杂志依然占据大众信息传播的主要市场，而电影蒙太奇则专注于满足公众娱乐，不断开阔人类的眼界与想象，其衍生的剧照、海报在很大程度上仍然依附于报纸、杂志的传播。可以说，这是一个现代意义上媒体建构的时代。经济的发展，工业社会的转型，批量大工业生产带来的城市文明，建构的是19世纪以来几代人熟悉的信息传递模式。这一模式的确立并没有放慢历史的脚步，漫长的农耕社会一去不复返了。工业革命打开了科技转换为生产力的蝴蝶翅膀，人类走向了迅速现代化、科技化的道路。

在迅速现代化、科技化的道路上，屏幕起到了关键性的作用。电影的屏幕还是一种幕布，使用的是投射的技术，依赖胶片记录影像。这是屏幕的开端，却不是真正意义上的现代屏幕。现代意义上的屏幕具有几个特质：首先，以类"玻璃"质为屏；其次，影像不再依赖投射，而是通过电子媒介自显像传递信息；最后，通过一定的物理手段，与信息接收者进行互动。

阴极射线管（CRT）[1]显示屏是现代意义上屏幕的开端。1922年，美籍苏联人兹瓦里金发明静电积贮式摄像管，开启了阴极射线管技术的时代。不久，他又将该技术提升为电子扫描式显像管，这也是阴极射线管的一种，被认为是后来屏幕技术发展的重要基石。当阴极射线管显示屏被应用在电视上，投入商业运营中时，现代意义上的屏幕就正式诞生了，同时也意味着人类能够通过电子媒介来存储和传输影像（图2-6）。其最伟大的成就在于人们可以在家中观看移动的、带有记录性的影像，这是人类视觉继照片、电影后又一次重要的延伸。从使用原则来讲，屏幕从出现至今把影像显示在电子面板上的原则没有太大的改变，但是在大小、厚度、比例、颜色还原、清晰度、信号响应速度等方面不断有突破性的进步。这种技术和进步同时也促进了个人电脑和界面设计的发展。

时至今日，屏幕已经深入人们生活的方方面面。在机场，我们通过显示屏寻找需要的路径信息，通过自助系统打印电子客票；在飞机上通过个人娱乐系统观看节目，以度过无聊的等待时间。每天，我们通过手机与人沟通、玩游戏、获取新闻、阅读、收听广播、拍照等，电视依然没有退出历史舞台，电脑也是我们生活的良伴。人们与屏幕的互动也变得更加自然，从最开始的扭动到按键、鼠标、电子笔，再到触摸，屏幕技术变得越加人性化。厚度像纸样的十分之数毫米左右的电子纸（ePaper）已经诞生，革命性的电子纸显示器具有清晰的高分辨率屏幕，人们像阅读真正的纸张一样。在不久的未来，可以预见，人们通过屏幕获得信息的方式将呈现出全新的面貌。屏幕的出现是科技的选择与必然，屏幕的发展带动着社会信息传播结构的变化，屏幕的未来就是人类的未来。

1　CRT是一种使用阴极射线管（Cathode Ray Tube）的显示器，主要由电子枪、偏转线圈、荫罩、高压石墨电极和荧光粉涂层及玻璃外壳等部分组成。它曾是应用最广泛的显示器之一。

图 2-6　兹瓦里金发明的新型阴极射线管电视机

公共移动影像与私密传输影像

> 人们往往高估了新技术的短期影响，而低估它们的长期影响。
>
> ——阿玛拉定律

观看电影需要特定的场地，观看内容需要事先设定，作为一种公共的传媒，电影的不灵活是显而易见的。与之相比，广播就具有这方面的优势。作为一种依赖电子通讯技术的媒体，广播始于1842年摩尔斯发明的电报。与电影相比，广播简直可以解决除影像以外的所有问题，不仅解决了私密性、个人性等问题，它还有多样性与灵活性的节目，代表了通信方式的重大变革。通过广播，人们可以听新闻、听音乐、听故事，电视出现之前，广播在很长一段时间内是个人娱乐的首选。

得益于广大的市场与迫切的需求，特别是广告为区域性广播网带来丰厚的利润，广播一经出现就迅速发展，这为拥有现代意义上屏幕的宿主——电视的出现铺平了道路。很快，人们意识到电影可以再现移动的影像，广播可以在空气中传递声音，那么，两者优势能不能互补呢？1880年，法国人莱布朗克提出可以利用一个镜面在两个不同轴线上以不同速度震动，形成往返直线扫描，从而达到对图像的分解和再现。他虽然没有提出使这个理论得以实现的机械结构方法，但却为移动影像走向个人打开了一扇门。之后的几十年间，来自英、法、德等国的科学家不断挑战这一课题：1881年，现代传真机先驱、英国的希福·彼得威尔制作了一种可以在电线上传送图像的装置；1882年，英国的威廉·卢卡斯提出了图像再现机械问题的部分解决方法，宣布了接收连续运动图像所需要的重要元素——光源、电子束、棱镜、光屏等；1883年，俄裔德籍电气工程师尼普科夫使用机械扫描的方法进行了发射图像的研究，他发现，通过一个穿孔的圆盘可以把影像分成单个像点，高速转动圆盘，将像点转换成电讯号，就能把人或景物的影像传送到远方；1897年，德国物理学家卡尔·费迪南德·布劳恩制造出的第一个阴极射线管示波器，可以显示快速变化的电信号；1904年，英国人贝尔威尔和德国人柯隆发明了一次电传一张照片的"电视"技术（每次需要10分钟）。至此，机械式电视（Electromechanical Television）初步成型。而"电视（Television）"这个称谓，也出现在1900年的世界博览会上，英文原意是"电（Tele）"与"视觉（Vision）"的组合，一般理解就是"用电的方法观看"。事实上，"电影"这个词汇也出现在20世纪初，"电影（Movie）"是"运动的（Moving）"与"图像（Picture）"的组合。总的来说，电影技术的探索比电视技术的探索要早二十年左右，电影技术比电视技术成熟得更早，并较快地进入商业运作，而受限于量化生产、成本等具体问题，电视的普及明显晚于电影。

20世纪初，机械式电视的图像传递技术基本成型，但这种装置大都呈现的是静止的画面，倾向于传真系统的原理。但也有例外，英国科学家约翰·洛吉·贝尔德发明了可传送移动图像的半机械式电视。受到马可尼无线电电磁波技术的影响，贝尔德在1926年成功地进行了电视的公开播送。他也是较早进行电视商业化实验的研究者。1929年，贝尔德成立电视公司播送英国广播公司的电视节目。同时，贝尔德还进行过彩色电视系统的探索，并在1941年获得阶段性成功。

虽然有贝尔德的努力，但现代意义上的电视并不是以机械为背景的，电子显示屏的出现才真正使"用电观看"成为现实。事实上，布劳恩发明带荧光屏的阴极射线管时，其助手就提出可以用阴极射线管做电视的显示器，但布劳恩没有继续下去，这使他与电子式电视（Electronic Television）的发明失之交臂。

电视在研制之初并没有统一的技术标准和规划，每个研究者都有自己的专利，在很长一段时间内，大家都进行着相似的研究。电子式电视的发明就同时与当时两位科学家的工作有关。第一位是菲洛·泰勒·法恩斯沃思，他被很多学者认为是电视的真正发明者。1926年，他在朋友的资助下开始研制电子显像管式电视，将单幅图像分解为60行，转化为电信号，再在屏幕上重组为图像。1927年他的发明获得专利。他不属于任何公司或机构，他的研究令当时也在进行此项研究的西屋电器公司和美国无线电公司不满。美国无线电公司起诉了法恩斯沃思，结果却是美国无线电公司向法恩斯沃思支付不菲的版权费以购买专利权。1928年，法恩斯沃思在媒体的见证下，通过他研制的电视传送了一个动画图像。1929年，他又通过他的电视系统传送了人类首个动态图像——他妻子闭眼的动态图。1934年，法恩斯沃思在富兰克林学会展示了一套完整的电子式电视系统。

第二位就是兹瓦里金，一般认为是他开启了电子式电视的时代。他也是比较早就开始了电子摄像、显像技术的研究。1928年他的发明获得专利，后在美国无线电公司的支持下，他于1931年制造出了摄像机显像管，并在同年进行了完整的电视系统实验。在这次实验中，一条由240条扫描线组成的图像传输给了几公里以外的电视机，电视机又通过镜子把显像管接收的图像反射到屏幕上。1933年，兹瓦里金成功完善了电视摄像用的摄像管和显像管，从而完成了电视摄像与显像完全电子化的过程，至此，以阴极射线管显示屏成像技术为基础的现代电视系统基本成型，影像从公共可移动转向了私密可传输的广阔空间。

技术带来视觉体验的革命

屏幕可以展现同步时间、异地空间，也可以展现既往时间、既往空间，这使人们对虚拟世界有了前所未有的形象化的视觉理解。

电子成像技术为人类带来了视觉体验的革命，机械式电视、电子式电视的根本区别在于传输和接收影像的原理不同。机械式电视虽然可以传输影像，但无法从根本上提高图像质量，因此，依靠机械手段传输的图像总是模糊不清的。电子式电视依靠阴极射线管显示屏成像技术，可以通过技术更新不断解决图像的清晰度问题。所谓阴极射线管显示屏，就是一种使用阴极射线管的显示器，它是电视普及之初应用最广泛的一种显示器。其核心部件是阴极射线显像管，工作原理是使用电子枪发射高速电子，利用垂直和水平的偏转线圈控制高速电子的偏转角度，击打屏幕上的磷光物质使其发光，再通过电压调节电子束功率，在屏幕上形成明暗不同的光点，从而达到图像的重组。阴极射线管显示屏技术成型后迅速发展，彩色电视很快出现，声音与图像的同步问题也解决了。之后，尽管受到第二次世界大战的影响及战后广播业、电影业的冲击，但庞大的消费需求还是将电视逐渐推向千家万户。与平面传媒及广播不同，电视是图文并茂的；与电影不同，电视是属于小家庭的，它更为灵活、更为自由。商业电视网也开始发展起来，出现了很多热门的节目，这些节目改变了人们接收信息的方式，也改变了每个家庭的生活模式。电视技术不断得到改进，图像更加清晰稳定、色彩还原度更好、寿命更长、视域更宽阔、功能与端口更多，这一切都是围绕着屏幕进行的。

屏幕技术被应用在电脑上之前，主要用途体现在视听娱乐方面，最开始是电影银幕，后来就是电视屏幕，尤其是电视屏幕为后来的电脑屏幕做出了重要的贡献。电视从发明到普及大约用了七十年的时间，电视屏幕在开始的四十年里还没有出现重大的革新，其进步主要体现在尺寸和颜色上。但电视作为一种全新的媒介，在整个20世纪带给人们的震撼是有目共睹的。这是一种前所未有的观看方式，就像马歇尔·麦克卢汉说的那样："所谓媒介即是讯息只不过是说：任何媒介（即人的任何延伸）对个人和社会的任何影响，都是由于新的尺度产生的；我们的任何一种延伸（或曰任何一种新的技术），都要在我们的事务中引进新的尺度……"[1]

在电视普及之前，人们习惯依靠印刷媒介来获得讯息，通过阅读文字来理解内容；文字的内容是完整的，是前后连续、有逻辑和连贯性的。这是纸质书面文化给人们带来的心理预设和习惯，而电视节目不同，它的很多语言素材可以借用声音、视觉图像共同完成，以达到戏剧性的效果。这已经可以被认为具有多媒体的性质了。所谓多媒体，就是组合两种或两种以上媒体的人机交互式信息交流和传播媒体，可以包括文字、照片、声音、动画、影片等。从这一方面来说，电视已经达到了远胜平面印刷的效果。值得注意的是，电视具有多媒体性质的本身也决定了它不能像听音乐或广播那样被当作背景声音来使用，而是邀请观众介入。对此，马歇尔·麦克卢汉说道："我们的

1　[加]马歇尔·麦克卢汉：《理解媒介：论人的延伸》，何道宽译，商务印书馆，2000年，第33页。

全部技术和娱乐一向不是冷的，而是热的；不是深刻的，而是切割肢解的；不是面向生产者的，而是面向消费者的。"[1]在观看内容上，电影和电视提供的都是视觉蒙太奇，需要观众在内心进行完形。但在观看方式上，电视与电影是大不相同的。电影依靠的是光线的投射，我们看到的还是图像本身；而就电视而言，观看者本身就可以被认为是一个"屏幕"。电子光束撞击屏幕形成深浅不一的光点，光点再进入人眼合成图像，从这一角度来说，我们的眼睛才是最后的"屏幕"。电视的这一特殊意义重大，几乎已经规划出了"屏幕技术"的未来。它帮助人眼摆脱了外部光线的诸多限制，在稳定性方面也具有无可比拟的优势，还大大增强了人对屏幕的关注度和适应力。所以，电影被称为"移动的图像"，电视却被称为"用电的方式观看"。虽然两者呈现的面貌相似，但电视已经从根本上改变了人们的观看方式。

在图像表现上，早期的电影要优于早期的电视。早期电视的图像强度更低，清晰度也更低，无法提供图像的详细信息。电子光束每秒轰出约300万光点[2]，但观众每秒能接收到的光点却十分有限，可想而知，依靠仅能接收到的光点重组的图像清晰度是差强人意的。但在观众眼里，这种视觉经验却是十分新奇的。之前以印刷为基础的书面文化为信息接收者设定了偏重连续性、同一性和连贯性的心理经验，但是电视屏幕却给予人们片段的、不连贯的"马赛克化"的心理体验和视觉效果。这调动了观众各种感官的重新整合，打破了原有固化的逻辑模式，人们逐渐适应了突然的插入、片段化以及图像的不断分解。这看似倾向心理学的变化对屏幕的发展也是非常重要的，正是以这样的变化为基础，屏幕才能在未来不断地被接受、理解，并变得越来越重要。

1926年贝尔德的电视广播与实验表明图文形式在电视上是具有可读性的，图形和电视因此被连接在一起。20世纪30年代，电视作为新媒体出现在观众面前，电视节目开始普及，包括体育、新闻、烹饪和戏剧等节目。电视

1　[加]马歇尔·麦克卢汉：《理解媒介：论人的延伸》，何道宽译，商务印书馆，2000年，第385页。
2　同上书，第386页。

节目之间需要不断转换，新形式的平面设计也因此出现了。这些基于"马赛克化"的平面设计与当时所追求的潮流非常不同，而这种在电视上的设计可称为"屏幕设计（Display Design）"。但是直到1960年，电视广播和接收器的质量还很粗糙，屏幕设计只限于黑白和只有405线的分辨率。当时各大电视生产商都把精力放在电视柜的设计上，受到技术的限制，人们需要把大量的电线收纳到电视柜里。由于要把电视放在电视柜上，而这个电视屏幕的焦点只有中间部分，设计师必须把图形设计得非常简约，字体本身的对比度也必须是大写或粗体，所有设计都要集中在中间，观众才能看清和看明白电视上的文字。美国著名设计师索尔·巴斯也受到当时电视屏幕的影响，他以非常有限的屏幕媒介设计了大量前卫并且影响深远的电影片头（图2-7、图2-8）。

电视作为一种新鲜事物，从观众茫然到接受再到深入了解，显示了以往

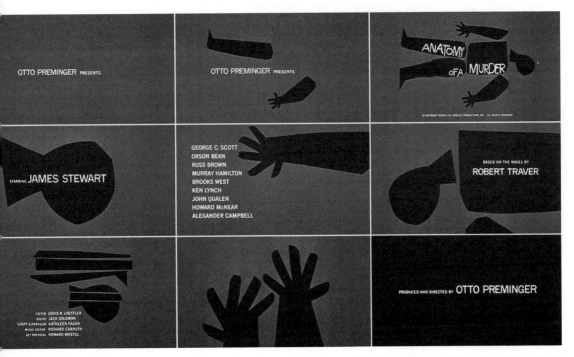

图 2-7　电影《桃色血案》片头设计，索尔·巴斯，1959 年

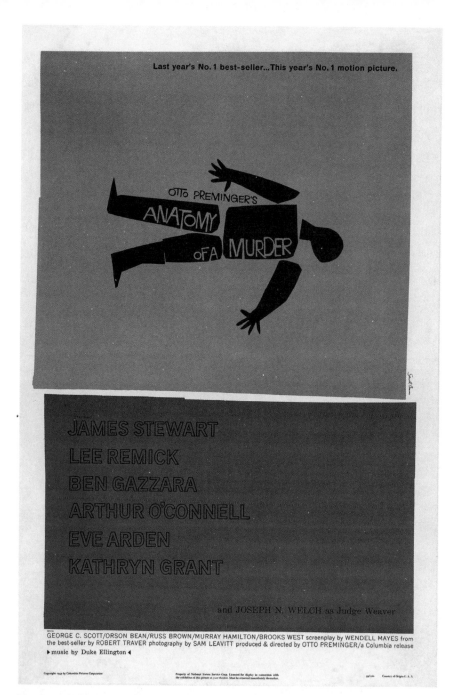

图 2-8　电影《桃色血案》海报，索尔·巴斯，1959 年

媒介无法比拟的交互性和融合性。一方面，观众高度介入，可以直接看到相距遥远的地方的画面，这缩短了地域的心理距离，也提高了观众的期待。观众不仅希望在电视的速度、画质、颜色上做出升级，还希望对电视的个人控制能力有所增强。另一方面，电视具有多媒体特性，融合了出版、广播、电影等其他信息媒介的功能，这也是电视在商业化之初受到广播业、电影业打压的原因。20世纪40年代，电影院观众人数达到顶峰，之后不断下降，一个非常重要的原因就是人们更愿意待在家里看电视。20世纪50年代，拥有电视的家庭数量不断攀升，这直接导致当时很多电影院倒闭。既然无法挽回这一局面，电影制片公司很快转向制作电视节目。事实上，观众对电视的高度期待以及电视所具有的融合性使电视（特别是"屏幕"）具有很强的黏合力，它已经倾向于构建一个能不断兼并扩展的平台。

在这种模式下，屏幕通过不断的技术革新，自然而然地过渡到了电脑、手机等；也正是在这种模式下，屏幕的衍生品"界面"才能出现并得以发展。在电视普及之后，电脑的普及是当代世界的重大事件，录影机、VCD机、DVD机等设备在两者的过渡期具有重要的意义。这些设备让人们对画面有更多的操控欲望，人们还会通过录影机强大的遥控器来满足现代化生活的需求。节目内容的播放时间不再是固定的，人们通过录影机的预录功能定时录下每天喜爱的节目，在想看的时候再播放（图2-9）。这应该是家庭中最早的一种交互装置了，同时也较早地让人们认识到界面的意义。各种设备功能强大，却不容易使用。如果要认识并掌握它，你有时候需要花费很长时间，还必须在有厚厚说明书的情况下，当然，不断的"试错"也是难免的。在很长一段时间内，复杂的仪器是工业社会的象征，机械的美也直接影响了20世纪现代派的风格和面貌。人们在最开始也并不追求机械的简单化及方便，所以最初的交互体验并不是令人愉悦的，指令与界面也不一定是对等的。虽然如此，这还是为未来的发展提供了无限的可能。

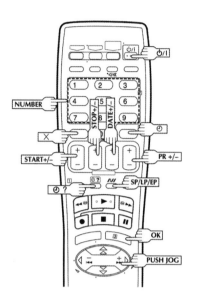

Check, Cancel And Replace Programmes

1
DISENGAGE TIMER MODE
Press ⏀, then press ⏻/l.

2
ACCESS PROGRAMME CHECK SCREEN
Press ⏀?.

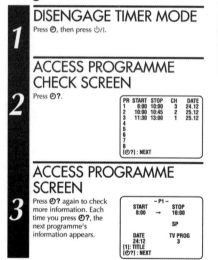

3
ACCESS PROGRAMME SCREEN
Press ⏀? again to check more information. Each time you press ⏀?, the next programme's information appears.

To cancel or replace a programme...

4
CANCEL OR REPLACE A PROGRAMME
Press ✕ to cancel a programme. To replace a programme, press the appropriate button: **START+/–, STOP+/–, DATE+/–, PR+/–, SP/LP/EP** (▮▮▮).

● If you do not want to edit the programme title, skip steps **5** and **6**.

5
ACCESS TITLE EDIT SCREEN
Press the **NUMBER** key "1". The Title Edit screen appears.

● You can access the title edit screen only when "PROG. NAVIGATION" is set to "ON". (☞ pg. 38).

6
ENTER PROGRAMME TITLE
Press the **NUMBER** keys and **PUSH JOG** ▷ to enter characters, then press **OK**. For details, refer to "Entering Character" on page 41.

7
RETURN TO NORMAL SCREEN
Press ⏀? as many times as necessary. If there are still some programmes remaining, go on to step **8**.

8
RETURN TO TIMER MODE
Press ⏀.

图 2-9　步骤繁多的定时录像功能（节选）

第三章

构造可控的虚拟世界

　　屏幕是人类视觉的延伸，是记录现实世界和创造虚拟现实的重要载体。屏幕一经出现，应用范围便不断扩大，改变了传统以纸媒为基础的信息制造及传播模式。照相术对屏幕的出现有着重要的意义，在照相术出现前的漫长历史中，人们只能依靠绘画记录现实图像。人类的第一张照片是一扇打开的窗户，暗示着人们终于打开了"虚拟窗口"。电影实现了对现实的动态模拟展现，电影银幕是现代意义上最早的屏幕形态。在电影银幕中，人们获得极大的自信。但电影银幕还只是一种幕布，其影像依赖的是投射技术，这只能算作屏幕的开端。阴极射线管显示屏是现代意义上屏幕的真正开端，其在电视上的应用宣告了屏幕时代的来临，人们终于能通过电子媒介存储及传输影像。电视改变了每个家庭的生活方式，人们的热衷不断激励着电视技术的改进，无论是更清晰、稳定的图像，还是更长的使用寿命与更宽的视域，这一切都与屏幕的发展息息相关。同时，电视具有多媒体特性，兼具了电影、广播等其他信息媒介的功能，具有超强的融合力和黏合力。在这种模式下，随着技术不断革新，屏幕自然而然地过渡到了电脑、手机之上。

虚拟世界构建的速度远远大于现实世界，一个屏幕背后往往是千千万万个屏幕。如果你现在有一所房子，哪些方面是你一定要考虑的？如果你要到另外一个城市出差，在选择酒店时，哪些方面是你最在意的？在一个人的旅途中，你会选择用什么来打发等待的时光？在考虑这些问题时，年轻人很容易有一致的答案——网络。"有网吗？""WiFi密码是多少？""QQ号？""微信号？"网络的附加产品已经成为我们日常生活中非常重要的一部分，冲击着各种长期形成的传统商业模式。

即使在20世纪末，如果有人告诉你，你可以快速地通过虚拟环境购物，并可以在家等待，你一定半信半疑。在中国尤其如此。对于出生在20世纪七八十年代的人来说，科技的发展为社会带来的变化实在是太大了。你还记得自己最早的一台电脑吗？还记得自己最早的通信工具吗？还记得自己最早接触的网络浏览器及门户网站吗？还记得自己最早使用的在线视频播放器吗？还记得自己最早使用的即时通信软件吗？这些都成了现代人离不开的生活工具。无论你是否喜欢、是否适应，虚拟世界都已经成为一个世界。腾讯QQ、微博、微信等社交工具与平台的流行，此起彼伏。据统计，早在2014年4月11日，QQ同时在线用户数就已经突破两亿。网络身份与现实世界中的个人身份几乎变得同等重要，并通过认证等环节与人们的现实身份发生着切实的关联。那么，人们在现实世界是通过什么方式参与虚拟世界的呢？我们可以从了解电脑屏幕的历史开始对这一问题进行回应，因为正是电脑屏幕帮助人们构建了一个既可看又可控的虚拟世界。

从储存到显示

从古至今，工具都是社会进步的重要衡量标准。最早被称为"计算机"的工具，顾名思义，是用于计算的机器。其起源可以追溯到数千年前的算盘和各种计数工具，包括中国古代算盘、古巴比伦算盘等。17世纪初，苏格兰数学家约翰·纳皮尔发明对数，并制作了纳皮尔算筹（Napier's Bones，图3-1），将乘法转换为加法。这直接促使英国数学家威廉·奥特雷德发明了计算尺（Slide Rule，图3-2）。计算尺在很长时间内都是工程师的主要计算工具，直到20世纪70年代亦是如此。

　　计算尺发明不久后，法国数学家布莱斯·帕斯卡在17世纪40年代发明了

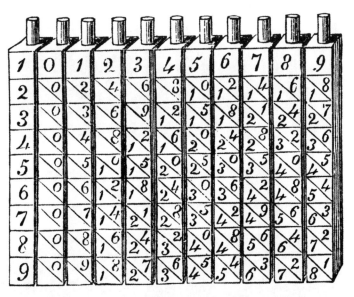

图3-1　纳皮尔算筹，约翰·纳皮尔，17世纪初

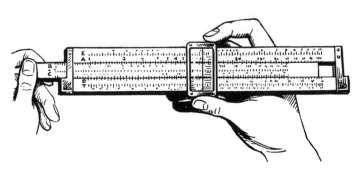

图3-2　计算尺，威廉·奥特雷德，17世纪初

图 3-3 "帕斯卡机"计算机，布莱斯·帕斯卡，17 世纪 40 年代

一种称为"帕斯卡机"的计算机（图3-3）。与计算尺相比，这个由齿轮带动还只能进行加法运算的工具更像是一部机器。1674年，德国科学家戈特弗雷德·威廉·莱布尼茨发明了十进制的步进计算机，更重要的是，这位科学家

首次提出了二进制，这正是现代计算机普遍采用的计算模式。有人认为，莱布尼茨发明二进制的灵感来源于中国的《易经》，这个说法并没有得到实证，但两者确实有异曲同工之妙。

1801年，法国约瑟夫·玛丽·雅卡尔发明了打孔卡片式编织机（图3-4）。这种编织机装有很多打孔卡片，分别标志着不同的织物图案。通过预设卡片，人们可以获得相应的图案。这一发明看似和以往的计算没有同一性，但却预示着"输入""存储""程序"等重要的计算机概念的到来。1822年，英国数学家查尔斯·巴贝奇为现代计算机的出现做出了重要贡献，他制作了一台像房屋一样大、需要使用蒸汽机驱动的分析机。一方面，巴贝奇在分析机中引用了雅卡尔的打孔卡片进行最初的编程，解决了用现实方法表现抽象的二进制中的0或1、逻辑值"是"与"非"的问题；同时，这种打孔卡片还

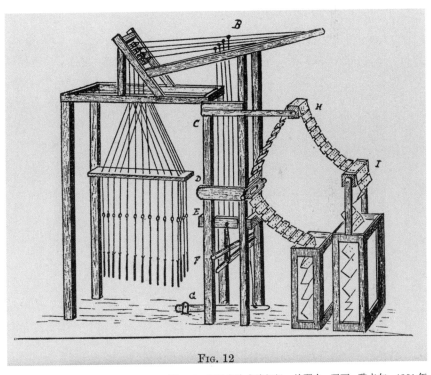

FIG. 12

图 3-4　打孔卡片式编织机，约瑟夫·玛丽·雅卡尔，1801 年

构造可控的虚拟世界

是一种存储介质，可以保存代码，以便将来使用。另一方面，巴贝奇将分析机分成了两个部分，一个是"货仓（Store）"，一个是"工厂（Mill）"，这构建了现代计算机的重要部件——存储器与中央处理器。此外，巴贝奇还在分析机中使用"条件语句"，这使程序在运行中可以通过检测条件决定运行方向，而且会因不同的条件出现不同的结果。

需求是进步的动力，人们对计算机器的持续研究是因为不断突出的实际需求。18世纪末，美国开始进行人口普查，到19世纪80年代随着人口的急剧增加，人工计算的耗时竟达数年。很显然，人工计算耗费了大量的人力物力，得到的结果也失去了时效性。这推动了以省时省力为目标的计算机的研发。"霍勒里斯制表机"出现了，它结合了帕斯卡和雅卡尔的研究成果，大大减少了人口普查的时间和成本（图3-5）。1936年，英国著名数学家图灵在论文中阐述了一种计算机器"图灵机"，图灵也因此被称为"现代计算机之父"，他的发明为现代计算机的工作逻辑和方式奠定了基础。与之前的计算机器相比，图灵机已经是一台运用抽象概念进行计算的机器了。它的输入设备是一条被认为无限长的纸带，纸带上的方格包含着信息，通过带编程的读写头完成读取、计算和输出的过程。只要纸带无限长，图灵机就有无限的存储空间来进行复杂的操作。除了记录中间结果，图灵机还能使中间结果在之后的计算中再次被使用。

作为一个模型，图灵机已经解决了现代计算机理论的关键问题，而德国发明家康拉德·楚泽将之变成了现实。他设计并主持制作的Z1、Z2、Z3计算机几乎具备了现代计算机的所有特点：Z1是世界上最早的二进制实体计算机，Z2是世界上最早的由电带动的计算机，而Z3已经出现可编程序。20世纪计算机快速发展，这与第二次世界大战也有着密不可分的关系：一方面，战争带来对更精准武器的需求，刺激了计算机的发展；另一方面，战争的残酷及物资的缺乏又制约着计算机的发展。发明计算机的另一位关键人物——美国霍华德·艾肯在IBM（International Business Machines）公司的支持下，于1944年制造的Mark1计算机又被称为IBM-ASCC（Automatic Sequence Controlled Calculator），即IBM自动顺序控制计算机（图3-6）。这台计算机重达5吨，体型巨大，可

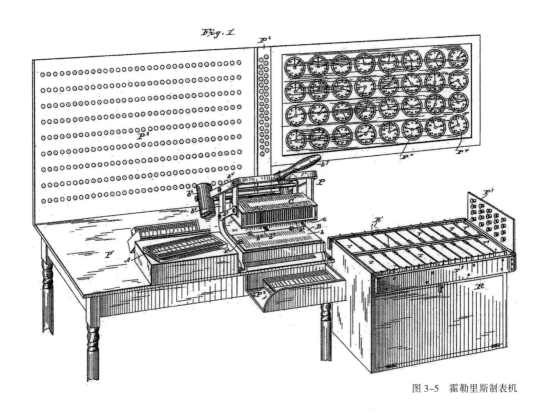

图 3-5　霍勒里斯制表机

图 3-6　IBM 自动顺序控制计算机（Mark1），哈佛大学物理系克鲁夫特实验室，1944 年

编程序，但计算得非常慢。其重要性在于对实用领域的贡献，它为美国军队设计武器提供了服务。

　　第二次世界大战结束后，现代计算机的发展进入快车道。那么，现代计算机需不需要一个显示设备呢？在今天看来，这个问题有点多余，我们每天在电脑前工作，最主要的就是与显示屏打交道。也许，有很多人不懂计算机，但这并不妨碍使用，屏幕会告诉人们应该干些什么。一百年前的细小进步可带来震惊社会的复杂计算方式，而现在普通人即可做到。我们通过操作屏幕而输入指令，再通过屏幕看到结果。显示设备是人与人工智能交互的窗口，如果没有窗口，我们很难想象要怎样获得电脑给我们带来的便利。那么，对于现代计算机来说，显示设备是不是从一开始就是现在的样子呢？答案是否定的。当计算机的功能还仅限于计算的时候，人们对计算机的显示设备并没有太高要求。科学家往往通过纸带、卡片解决输入问题，而通过打印或磁带解决输出问题。

　　1946年，美国科学家约翰·莫奇利和普莱斯佩·埃克特在宾夕法尼亚大学设计和建成了当时最大、功能最强的数字电子计算机ENIAC（Electrical Numerical Integrator and Calculator，图3-7）。所谓电子计算机，就是在计算机中使用电子真空管作为基本元件，这是Z3和Mark1没有做到的。最早在计算机中使用电子真空管的是美国科学家约翰·阿塔纳索夫和克利福德·贝瑞，他们制造了世界上最早的电子计算机ABC。电子计算机的出现标志着人工编辑机器指令走向程序语言。受战争影响，电子计算机ABC在制造完成后不久即被拆除，但阿塔纳索夫将制造思路毫无保留地告诉给了后来ENIAC计算机的制造者。ENIAC在当时主要用于设计开发氢弹及计算天气、宇宙射线，以及用于热点火的研究和风洞设计等。这台共包含了17468个真空管、70000个电阻、6000个手动开关的计算机高2.5米，长24米，占地167平方米，重30吨。[1] 其计算方式虽然没有采用二进制，但速度不慢，在一秒内可处理5000次加法、357次乘法或38次除法。它的最大问题是需要花费大量时间来更新程序，技

1　黄俊民等编著：《计算机史话》，机械工业出版社，2009年，第25页。

图3-7　两名妇女用新程序连接数字电子计算机 ENIAC

术人员要将硬件重新组合装配才行。一位匈牙利裔美籍科学家约翰·冯·诺依曼详尽地分析了 ENIAC 计算机的不足，并指出结构及功能的混乱是其最大的问题。他继而提出计算机系统模块化的发展方向，将计算机的计算器、控制器、存储器、输入设备、输出设备分立，从而实现功能的整合。这一研究成果引导现代计算机坚定地走向今天的面貌。

　　在诺依曼的设想中，人们还没有清晰地看到显示设备的影子。其实，显示设备本身可以被看作输入、输出设备的综合体。当现代计算机的发展还处在第一代电子管时期时，应用阴极射线管成像技术的现代电视系统已经成型。将阴极射线管技术引入计算机的科学家是弗雷迪·威廉姆斯和汤姆·基尔伯恩（图3-8），但是他们最先考虑的并不是将这一技术用于计算机的显示

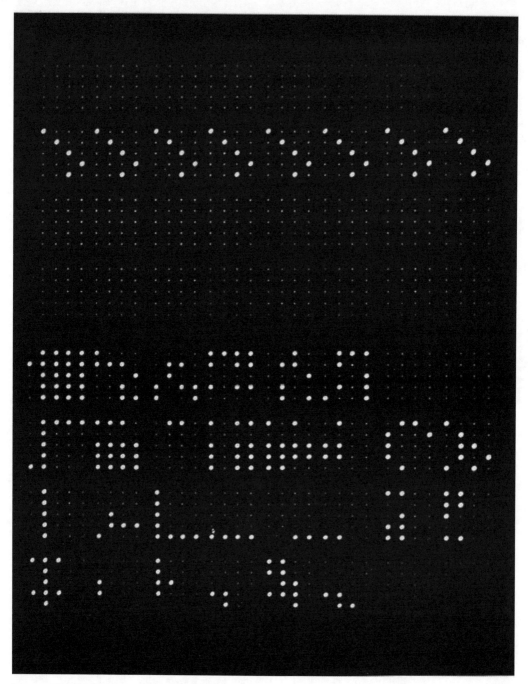

图 3-8　阴极射线管存储器, 威廉姆斯和基尔伯恩

器，而是作为存储器。电子在撞击阴极射线管荧光面的网格屏幕时会发光，作为离散化现象，撞击部位周围的电荷也将发生细微变化。阴极射线管可以用作储存装置，正是通过测定这一变化而实现的。由于电荷会迅速消失，因此运行时必须反复进行电子撞击。1947年，可存储2048位的阴极射线管成型，这对后来的计算机发展具有重大意义[1]，预示着计算机终于从复杂的庞然大物走向灵活轻巧的身形。1948年6月21日，威廉姆斯和基尔伯恩主持制成了一台名为"曼彻斯特小型实验机器"的计算机，这台计算机证明了威廉姆斯－基尔伯恩管在读取数据和随机刷新方面具有的空前存储能力，这是历史上第一次做到由计算机执行存储器上的程序。阴极射线管被引入计算机领域的目的虽然是存储，但阴极射线管本身具有的成像功能为计算机带来了其他好处——计算机的显示设备得以出现。

20世纪50年代，计算机有了突破性发展。尺寸小、重量轻、寿命长的晶体管代替了体积大、耗能多、易损毁的电子管，磁芯存储器也提升了计算机的存储性能，从而使阴极射线管在计算机领域所发挥的存储功能被极大减弱。20世纪60年代，随着半导体技术发展起来的集成电路成了计算机的主要部件，计算机的体积变得更小。同时，标准化的程序语言Basic应用范围扩大（图3-9、图3-10）。计算机即将同电视机、收音机一样，成为走入千家万户的家用电器。

计算机体积从大到小，而功能日渐强大。当然，有着特殊服务对象和目的的巨型计算机依然存在，但现在最为活跃、应用最广的是微型计算机，即电脑。现在的电脑已经能够做到存储强大、处理高速、计算精准、判断可靠。这些活动与人脑思维活动类似，这也是"电脑"得名的原因。计算机在问世之初造价昂贵、体积巨大，主要服务于军工。商用及个人电脑的普及和推广得益于几家重要的公司：创建于1911年的老牌公司IBM、创建于1976年的苹果公司（Apple Inc.）和创建于1975年的微软公司（Microsoft Corporation）等。

1　黄俊民等编著：《计算机史话》，机械工业出版社，2009年，第74页。

图 3-9 《Basic 编程》封面

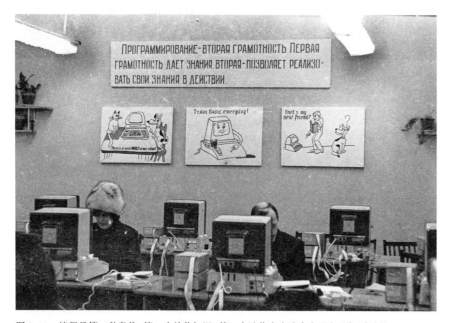

图 3-10 编程是第二种素养，第一个给你知识，第二个让你在实践中实现它（墙上标语）

SAGE 与 NLS

电脑是屏幕的重要载体，但它们的结合并不是一蹴而就的。电脑又被称为计算机，是用来帮助计算的机器。20世纪50年代初，美国半自动地面防空系统SAGE（Semi-Automatic Ground Environment，中文译作赛其）使用了阴极射线管态势显示器，宣告了电脑屏幕的出现。自此，"可视化工程"成为计算机领域的一项重要工作内容及未来发展方向。之后，美国道格拉斯·恩格尔巴特在计算机会议上演示了NLS系统（oN-Line System），提出计算机是一个综合性的信息处理中心，屏幕是所有信息的表达出口。伴随着两次能源危机，作为纸张的最佳替代品，屏幕得到了极大的发展，与鼠标、键盘一起成为个人电脑的基本配置。与阴极射线管显示屏相比，屏幕家族体积轻薄、尺寸灵活，有着明显的优势。与此同时，屏幕的操作方式也发生了重大变化，键盘、鼠标退化，触摸屏出现，这种操作方式的简便性是显而易见的，因为它更直接、更快速、更准确，也更易理解。

今天，人们已经非常习惯电脑的存在、组成方式（显示器、主机、键盘、鼠标、应用程序等），而便携式电脑就像它的俗称"笔记本"一样变得越来越轻薄，且功能日渐强大。如果你回想最早见到的电脑，会想到什么？占据桌面大部分进深的大盒子，半球面玻璃亮光屏幕，闪烁的光标，应该是很多人的共同记忆。最早的个人电脑在外形上更像一台电视。当主机和显示器还没有分离的时候，人们对带屏幕的大盒子的认知基本等同于电脑，这种带有大盒子的屏幕就是阴极射线管显示器。

在20世纪初，阴极射线管技术最早应用于电视屏幕上。随着电视的不断普及和大众对电视的依赖不断增加，阴极射线管技术也日渐成熟和稳定。与收音机不同，人们通过操控电视可以决定看什么与什么时间看。机器与人的交互不再是简单的"一一对应"，而是有目标的"定制"。电视屏幕为世界打开了一扇虚拟的窗口，实现了人们长久以来"重现"世界的梦想。要知道，这之前存在的任何一种信息传播媒介——文字、绘画等都无法达到如此地步地与现实和谐统一。屏幕一方面带给人身临其境的现实感受，另一方面也使人们适应了这种与传统观看方式密切相关但又有本质差异的视觉关系。有了屏幕，人们不再满足于任何方式的"脑补"，满足于切实地看到和感受到，甚至控制由机器带来的虚拟世界。如前所述，这种最早应用于电视的阴极射线管技术，貌似是以与观看毫不相关的用途——存储器的方式进入计算机领域，但事实上，考虑到屏幕带给世界的潜移默化的心理影响，这就是必然的了。科技为世界带来便利的同时，也带来了对现代武器的大规模需求。这加速了"计算机"的发展。在此过程中，太空探索领域的竞争无疑也是重要推手。20世纪50年代初期，半自动地面防空系统赛其在冷战时期成为美国重要的防空系统（图3-11）。在第二次世界大战期间出现的喷气式发动机，一方面使飞机的飞行速度更快、飞行高度更高，另一方面也对防空提出了更高的要求。在现代计算机出现之前，传统的机器对防空只能起到辅助作用，而不是为功能而设计系统，赛其的出现改变了这一局面。这套系统完全不同于以往防空引导的概念，它创造性地通过商业电话线传输数字信号，由计算机自动处理数据，自动按操作员指令分发数据，甚至还能自动引导截击机和防空导弹作战，它本身提供的是一个"环境"。因此，操作人员需要一个装置来表达空中的情况，这个装置必须能同时做到实时、清晰及准确。

阴极射线管显示器以无可比拟的优势促成这一装置，计算机屏幕正式出现了。赛其系统中的每个操作站都配备了一台阴极射线管显示器作为控制台，可将跟踪和地图数据结合显示。数据自输入系统，经中央计算器系统处理后，再由磁鼓送入显示系统，转换成阴极射线管所需的信号形式显现出来。这种应用于系统控制台的即时阴极射线管显示器也被称为态势显示器（Situation Display），即可以实时显示状态的显示器。态势显示器的重要作用是显而易见的，因此它一经出现，就被安置在中央控制台最为显著的位置。态势显示器的尺寸为19英寸，这与当时电视屏幕的普遍尺寸一致，也与阴极射线管扫描线所能呈现的最适合精度有关。它的外观为圆形，这得益于雷达扫描的方式及范围。与普通的显像管不同，态势显示器采用的是特殊的大型显像管，能够产生完整的个体目标信息及矢量绘图，并可以把符号和矢量组合为信息图形显示在屏幕的对应位置。赛其系统可以说是世界上第一台带有屏

图 3-11　美国半自动地面防空系统赛其，20 世纪 50 年代初

幕的计算机系统，屏幕作为计算机标准配置的时代到来了。计算机不仅要解决和处理计算的问题，更开始考虑如何有效地把信息和内容直接地、实时地呈现给使用者（用户）。赛其系统对日后民用计算机的发展有重要的指向性作用：第一，屏幕正式出现，并逐渐成为与用户接触最多的计算机设备；第二，和屏幕"接触"的交互行为，需要一个外加的设备，屏幕产生的画面和内容要有高度的一致性；第三，屏幕用以显示可阅读的文字和矢量图形（此时，复杂图像的需求还没有产生）。

事实上，赛其系统所采用的阴极射线管与当时电视采用的阴极射线管已经有所不同。更准确地说，赛其及机算机采用的是矢量阴极射线管，其本质上是阴极射线管电视技术的升级版本，两者最重要的区别在于它们呈现图像

图 3-12　赛其即时地在屏幕上反映复杂的信息

的密度不一样（图3-12）。电视阴极射线管成像技术依赖于人眼的视觉惰性，电视屏幕上的图像都被分为525行，编号从1到525。由525行构成的图像，其绘图模式采用的是分段式——首先绘制偶数行，然后绘制奇数行，最终构成完整图像。人们眼睛接收的图像集成了两个阶段所创建的形象，这被称为隔行扫描。但是赛其系统显示器的情况不同，对于电视来说，适合人眼观看的距离较远，人们对图像的辨识度及由于电极不断扫描而带来的闪烁光源不敏感；但对于计算机来说，用户距离屏幕较近，会不间断地主动观看屏幕上每一个变化的文本和图像，这就使他们无法忽视图像的精度及闪烁带给视觉的疲劳与不适。即使这种闪烁非常快速，但长时间的重复还是会给人脑带来挑战。人脑需要不断地完形，不断地整合，不断地适应从亮到暗再到亮的过程。为了规避这个问题，计算机屏幕上使用的阴极射线管在图像分行上不断加大密度，从而不断降低屏幕显示的不安定感。同时，虽然两种阴极射线管采用

48

的都是图像隔行扫描的方式，但计算机屏幕使用的方法更为先进，不但提升了图像的刷新率，更解决了电视屏幕无法将图像准确绘制在扫描线之间的问题。

　　与此同时，电视的阴极射线管与计算机的阴极射线管也有相同之处，那就是都依赖于阴极显像管在特定条件下产生的离散化现象。电子枪发射高速电子击打屏幕，形成白色荧光点，并利用荧光点的明暗还原现实中的图像及色彩。这种还原也有一个致命的缺陷，那就是线圈产生的磁场会干扰电子束，从而导致显示屏幕不可能是平面的。这就是早期的电视及电脑屏幕都是圆鼓鼓的球面的原因，我们由此得到的图像也都是变形的。直到1968年4月，索尼公司发明特丽珑管（Trinitron Tube）后这种情况才得到改观。型号为KV-1310的特丽珑管（图3-13）是一个单枪发射三束电子的彩色映射管，为水平方向凸起而垂直方向笔直的柱面显像管。这种显像管形成的图像相较之前，在控制变形方面有了很大的进步，颜色也变得更加鲜艳。特丽珑并不是最早的彩色显像管技术，但直到特丽珑出现，彩色显示屏才被电视和电脑广泛采用。作为一种稳定的技术，特丽珑的出现加快了人们对高精度画面的追求。以娱乐为主的电视屏幕开始不断变大，从10寸到42寸；而以工作为主的计算机则没有像电视屏幕那样变得越来越大，只达到20寸。截止到1994年，索尼卖出了超过1亿台特丽珑管电视机。早期个人电脑也大都采用了特丽珑屏幕技术，直到21世纪液晶显示屏和等离子显示屏的兴起，特丽珑显像管才停止在所有领域的销售。

　　有趣的是，当时的赛其虽然是一台军用计算机，但是在1956年，一位不知名的IBM员工却利用这台价值2亿美元的国防系统，创作了一张《时尚先生》封面女郎的图案（图3-14）。这无疑是一个偶然事件，但却造就了屏幕上的第一个电脑图像，成为设计史乃至文化史上的重要事件。

　　1968年12月9日，道格拉斯·恩格尔巴特在旧金山举行的秋季联合计算机会议上演示了NLS系统，这是计算机时代的一个里程碑（图3-15）。恩格尔巴特花了一个多小时的时间，向1000多名当时全世界最顶尖的计算机精英，展示了这个系统。他右手用一只鼠标控制电脑，左边是一个和弦键盘，中间是一个键盘，上方的屏幕上出现了多个窗口。他还能通过点击超文本链接网

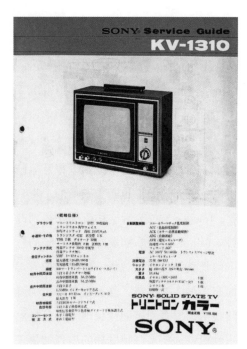

图 3-13　索尼公司特丽珑管
KV-1310 说明书

图 3-14　被绘制在赛其屏幕上的《时尚先生》封面女郎，1956 年

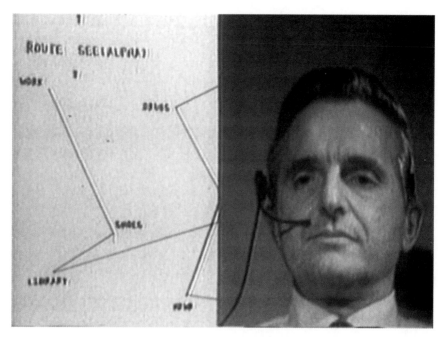

图 3-15 "演示之母"（Mother of All Demos），道格拉斯·恩格尔巴特，1968 年 12 月 9 日美国旧金山会议中心的秋季联合计算机会议

络，与距离会场 5 万米之外的同事进行视频交谈。恩格尔巴特认为计算机是一个综合性的信息处理中心，屏幕是所有信息的表达出口，不再需要关注计算机本身，也不需要关注系统本身的任何计算功能，屏幕所表现的就是用户需要关注的。

恩格尔巴特演示了输入、输出和分时系统，以及显示系统——像素（Bitmap）显示屏，包括刷新速率、滞后时间等显示功能。这一系列的显示系统和键盘、鼠标一起构成了计算机史上的第一个人性化、图形化的人机互动系统。同时，恩格尔巴特也展示了他发明的世界上第一只鼠标器，其外壳用木头精心雕刻而成，整个鼠标器只有一个按键，不像现在的鼠标器那样有两个按键。最初的鼠标器在底部安装有金属滚轮，用以控制光标的移动（图 3-16）。

恩格尔巴特的这一次演示决定了未来计算机发展的方向，屏幕的内容中

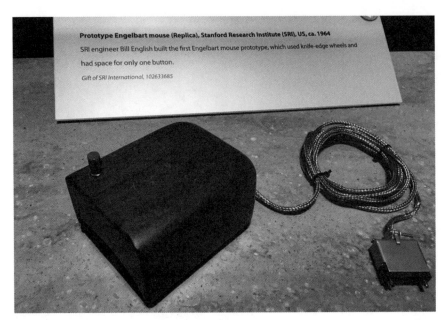

图 3-16 世界上第一只鼠标器，道格拉斯·恩格尔巴特设计

显现出一个关注点——光标位置，它与操作者手上的鼠标相互对应，这与之前赛其雷达系统中使用的光笔有很大的区别。鼠标的出现也肯定了屏幕的地位，没有屏幕的话，鼠标就没有任何用处，所谓的交互也不存在。另外，屏幕与屏幕之间也需要传递实时影像或文字信息。

20世纪60年代，计算机工程师还尝试把阴极射线管屏幕作为虚拟纸张来传输电报，当时这被称为"玻璃电报"。此时的屏幕只有单色，并且只能显示文字。这种用屏幕传输显示的电报更快捷、更灵活，其终端一直使用到20世纪70年代中期。1976年，还出现过一种电报交换机（Teletypes）技术，使用复合视频输出信号（Composite Video Out），通过相对廉价的电视屏幕显示电报内容，但只能显示文字。与此同时，袖珍电子计算器发展的时代也到来了。恩格尔巴特的演示终结了电脑作为单纯计算机的时代，功能单纯且方便携带的袖珍电子计算器出现了。甚至今天，我们的智能手机都附带这个功能。但在当时，袖珍电子计算器的出现却是屏幕技术发展中的一个重要里程碑，标志着计算机（Computer）与计算器（Calculator）的分离。

　　为了让程序员可以更快、更便利地进行编程工作，袖珍电子计算器成为一个十分热门的工具。耶鲁大学福来德·夏皮罗认为在1968年科学杂志的广告中，第一次出现了"个人计算机"。这是一台惠普HP-9100A（图3-17）的广告，当时广告说这是"个人计算机"，但其实它是一台高级计算器，安装有阴极射线管显示屏，重40磅，售价4900美元，只能在桌子上使用。这台惠普HP-9100A的广告没有引起很大的关注，因为它根本不是人们所需要的可移动的个人计算机，而只是一台计算器。虽然这台惠普HP-9100A是一个失败的产品，但是它让惠普公司了解到计算机和计算器的功能需要分别考量，这造就屏幕技术朝两个不同方向发展：一是清晰而有色彩的阴极射线管大屏幕，一是电致发光耗能低、耐用便宜的屏幕。

　　1972年，惠普推出了HP-35微型计算器（图3-18）。由于定位的成功，这台微型计算器拥有巨大的商业价值，在短短3年半的时间内，销量就超过30万台。可以说，这是世界上第一台手持式科学计算器。其显示设备以发光

图3-17　惠普计算器HP-9100A，1968年

图 3-18　惠普微型计算器 HP-35，1972 年

二极管为依托，可以显示10位数字，具有加减乘除、三角函数、指对数运算等功能，共拥有35个按键。这台微型电子计算器操控简便且方便携带，受到当时很多工程师和程序员的喜爱。它在键盘和显示器的安排上都充分考虑到用户的需求，使用不同颜色、形状大小进行功能区分，按键的位置排列也很合理。人性化的分类与安排反映了产品制造者对用户群体进行过明确的分析。在1972年，惠普HP-35从功能上看是一台微型计算器，但因其带有一个发光二极管显示器，在外观上却还被人们认为是一台计算机。发光二极管是与阴极射线管不同的另一种屏幕技术，它的出现几乎与阴极射线管同

时，但崛起却大大晚于阴极射线管。

屏幕时代的来临

一般认为，20世纪60年代至70年代是计算机体积"缩小化"的第一个显著阶段，20世纪70年代至80年代是第二个显著阶段。经过这两个阶段，屏幕逐渐固定成为计算机的标配。与此同时，计算机技术也不断走向结构化。计算机软硬件及输入、处理、输出的各项功能，逐渐固定在主机、显示器、键盘和鼠标上。其中，主机作为计算机的内核，外观和位置相对低调，而键盘和鼠标更像是显示器的辅助设备。显示器不但位置明显，体积也相对较大，因此在很长一段时间内，显示器被很多人误认为计算机本身，或是计算机最重要的部分。这一方面显示了显示器的重要作用及地位，另一方面也推动了显示器技术的不断发展。虽然显示器并不是计算机本身，也不是计算机最重要的部分，但这并不妨碍显示器成为计算机的形象代言人，它是人与机器交互的重要设备。它既是输入设备，也是输出设备。它能让使用者即时地了解计算机运作的过程，从而使操作变得更加直观。人类通过记录、书写再现大脑分析、试错、总结的过程，在计算机出现之前，人类都是利用纸张来辅助进行这一过程。计算机出现以后，当所有的分析都被封闭在一个不可见的环境中，人们通过什么控制这一过程，确保它的准确性呢？"开一扇窗"是一个不错的选择。显然，屏幕就是这扇窗。这扇窗一方面可以帮助人们了解一个由程序构建的虚拟世界是否运转正常，另一方面虚拟空间也减少了人们对纸张的需求。这是引发计算机技术在20世纪下半叶突飞猛进的另一大因素。

1973年与1979年，世界在短短几年内爆发了两次能源危机，节约能源的呼声充斥着20世纪七八十年代。在这种能源危机下，科学家认为计算机的广泛使用将成为未来的重要趋势。所以，纸张的最佳替代品——计算机以及屏幕技术在此时有了极大的发展。当时的阴极射线管显示屏非常昂贵，组装电脑是一件非常新潮的事。苹果公司前首席执行官乔布斯与他的朋友斯蒂夫·

盖瑞·沃兹尼亚克就在1976年组装了世界上第一台Apple I（图3-19），弗尔森斯坦也在同年组装了SOL-20（图3-20），正是这两台电脑将个人计算机送上了发展的快车道。有趣的是，这两台电脑都没有自带屏幕，而是通过复合视频输出线外接电视屏幕。1975年，比尔·盖茨与保罗·艾伦创立了微软公司，成功地把Basic语言的编译器移植到使用英特尔处理器的ALR计算机中，预示着个人计算机时代即将到来。

　　Apple I 与SOL-20之后，Apple II（1977）、The Commodore PET（1979）、Atari 800（1979）、Commodore VIC-20（1980）等型号的电脑也都采用了外接屏幕的方式，但很快就出现了问题。由于射频调制器的带宽有限，导致外接屏幕的画面质量过差，这让有追求的电脑研制者意识到电脑必须有自己专门的屏幕。1979年施乐公司的STAR 工作站（图3-21）和1984年苹果公司的麦金塔（Macintosh）是现代个人电脑的原型和里程碑。这两台电脑已经开始采用阴极射线管显示屏作为标准配置，而且与屏幕技术相关的分辨率、像素点，大小、

图3-19　Apple I, 1976 年

图 3-20　SOL-20, 1976 年

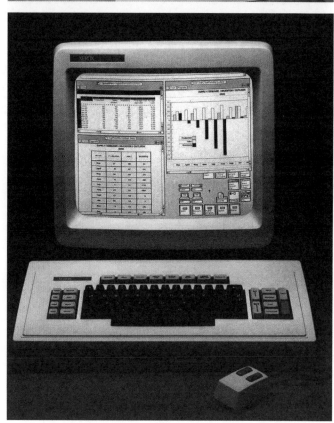

图 3-21　施乐 STAR 工作
站, 1979 年

构造可控的虚拟世界

亮度等，都有了相应的标准。1987年，IBM PC确定了屏幕VGA（复合视频输出线迭代产品，用以连接主机和屏幕）接口的标准。此后，阴极射线管电脑屏幕进入稳定发展期，变得更大、更平、更清晰、反应更快、分辨率更高以及能耗更低。

屏幕在电脑家族地位日盛的同时，在其他领域也有大的发展。商用的玻璃电传打字机、家用的电子游戏机、军工的空军玻璃座舱的革命，都发生在这一时期。工业革命以来的按钮、指示灯、仪表盘逐渐被屏幕全面取代。也许，无论是研究者、设计者还是使用者，在都没有意识到什么是20世纪下半叶最伟大、最具影响力的技术时，屏幕就凭借与生俱来的直观性、灵活性、包容性，走入了社会生活的方方面面，且越来越不可或缺。主机变得越来越小，键盘可以和屏幕合二为一，触屏手势也正在不断蚕食鼠标的功能，只有屏幕像黑洞一样不断吸收一切，不断强大。

第四章

界面设计语言酝酿的环境

　　自纸媒时代以来，人们习惯于在一个平面范围内获取、记忆、存储、提取信息。书籍、报刊、海报、绘画等都是以平面的形式存在，平面为人类的视觉和心理提供了惯性思维。对平面漫长的接受和巩固，无疑是推动屏幕由曲面走向平面的核心动力。就像哲学家阿尔弗雷德·怀特海认为的那样，文明的进步依赖于拓展一些我们不需要思索便可以执行的重要行为。阴极射线管显示屏无法满足人们漫长而坚定的阅读习惯，人们对平幕的追求成为必然。这在20世纪90年代得以实现，电视、电脑屏幕的曲面显示屏时代终结，替代的是一众平幕家族，包括液晶显示屏（LCD，Liquid Crystal Display）、发光二极管（LED，Light Emitting Diode）、等离子显示屏（PDP，Plasma Display Panel）、有机发光二极管（OLED，Organic Light-Emitting Diode）等。

　　与阴极射线管显示屏相比，平幕家族有着明显的优势，比如体积轻薄、尺寸灵活等。更重要的是，平幕为界面提供了自然的阅读环境。最早冲击阴极射线管显示屏的是液晶显示屏。事实上，发光二极管技术的出现要早于液晶显示屏，前者归根结底是一种电致发光屏幕（Electroluminescent Display，又被称为ELDS）。所谓"电致发光"，是一种将电能直接转化成光能的物理现象，特定物质在一定的电场作用下被相应的电能激发从而发光。这种技术在20世纪末成为屏幕技术的迭代产品，但它的出现却并不比阴极射线管显示屏晚。

界面设计语言生发的关键

也许有人认为，界面从屏幕中诞生是简单而快速的，其实不然，物理结构的局限限定了可能的表现方式。人们能够想到用界面表达屏幕内容，但技术却不一定能使人们的想法得以实现。设计师总是在各种限制中尽可能地创建操作方式，技术限制往往比文化规范的限制来得彻底。

1907年，从事无线电业的英国科学家约瑟夫·亨利发现碳化硅晶体（SiC）在一定电压的作用下会发出暗淡的黄色光芒，这就是电致发光。只不过这种光源太暗了，并不适合实际应用，因此在很长一段时间内没有受到重视。20世纪60年代以来，随着现代城市的崛起与发展，人们对廉价、节能、环保、耐用型光源的需求日益强烈，电致发光终于有了用武之地。此时屏幕的发展有两个方向，一是朝着更专业、更大、色彩更丰富的方向进发，一是朝着更廉价、更节能、更耐用的方向发展。电视需要屏幕，电脑需要屏幕，同时，层出不穷的各种小型家用电器也都需要屏幕。人们越来越喜欢屏幕，这不仅是因为屏幕带有未来科技感，更重要的是屏幕为人与机器的交互提供了重要平台，以更加直观的方式暗合人们对科技的接受及心理预期。在屏幕发展分化的同时，仪表光源、指示灯、交通信号灯、装饰灯等各种城市光源的需求猛增，也刺激了电致发光技术的研究与应用。

根据电致发光技术的原理，特定物质在接通电流后，物质原子中的电子会被激发并发光。物质不同，原子中的电子能级就不同，光源的亮度也因此不同。这意味着，可以通过改变物质的组成得到不同的光源及明暗效

图 4-1　惠普 HP-35 电致发光屏幕

果，一个点即为一个像素。与阴极射线管相比，电致发光原理简单，虽然短时间内在色彩效果与清晰度上还无法与阴极射线管显示屏相比，但电致发光屏幕也有自己的明显优势。因为电致发光是将电能直接转化为光能，其间没有产生热能，因此被称为冷光。这种光更加安全，光源也均匀，且亮度衰减低、对电流要求小，所以寿命长、耐用性好，能适用于各种环境。电致发光技术还使屏幕能真正达到纯平，体积也可大可小，响应更加快速。因此，电致发光很快被使用在各种电器产品中，涉及医学、工业、银行、军事、航天、汽车、通信等众多领域。微型计算器惠普HP-35携带的就是一种电致发光屏幕（图4-1）。

发光二极管应用了电致发光原理。在发展之初，低发光效率的二极管一般应用在指示灯及视觉效果相对单一的数字和文字显示领域。随着这项技术的发展，研究者很快发现，如果能解决颜色和发光效率的限制问题，发光二极管就会以绝对的优势替代阴极射线管。因此，在20世纪90年代，高亮度与全色化成为发光二极管技术研究领域的主要课题。1991年日本东芝公司与美国惠普公司研制出了橙色超高亮度的发光二极管。1992年该项技术投入使用，不久东芝公司又研制出了黄绿色超高亮度的发光二极管，1994年日本日亚公司推出蓝色超高亮度的发光二极管。至此，全色显示所需的三原色发光二极管在技术上都达到了超高亮度。这意味着亮度高、发光强度均匀、电压低、耗能小、尺寸多变、体积轻薄、耐用且性能成熟稳定的发光二极管彩色大屏成为现实。在屏幕发展史上，这无疑是一个重要的转折点，以前限制显示屏发展的诸多问题都得到解决，屏幕的应用更加广泛。高亮度意味着发光二极管显示屏可以适用于室内外任何时间，发光强度均匀使显示屏可以真正做到纯平，电压低使显示屏的应用变得更方便安全，耗能小使显示屏更加符合节约型社会发展的模式。各种类型、各种大小的屏幕出现了，虽然不是一蹴而就的，但与以往科技应用发展的时间相比，这无疑是飞速的。这种飞速发展在技术上为界面提供了可操作的时间和空间。

灵活界面空间的形成

关键技术的解决为界面的出现扫平了障碍。在界面发展的过程中，其形态的灵活程度仍然依赖于屏幕技术的发展，对界面的需求又反过来促进了屏幕技术的发展。

在平幕时代，发光二极管显示屏是显而易见的主角，但这并不妨碍液晶显示屏的发展，它的出现稍晚于发光二极管显示屏，但在发光二极管显示屏成本控制还不完美的时候，液晶显示屏率先横扫屏幕市场，这也是液晶显示屏在市场端首先替代阴极射线管显示屏的原因。液晶显示屏与发光二极管显示屏的区别在于前者是背光（Back Light），后者是自发光，而相同点在于都由电压导电引发。液晶是一种介于固体与液体之间的有机化合物，常态下呈液态，但是它的分子排列却和固态晶体一样是规则的。液晶早在19世纪末就被奥地利的一位植物学家发现了，但直到1968年，美国无线电公司（RCA）研究中心的工程师们才发现，这种液晶分子受电压影响后会改变排列方式，从而影响透光度。液晶与百叶窗类似，因此，这种技术的实现还需要外界光源，而不像发光二极管显示屏那样由电压引发物质自身发光。美国无线电公司利用液晶显示原理制造了世界上第一台液晶显示屏，拉开了国际液晶屏开发的大幕。1973年，夏普公司在自家产品——一款微型计算器EL-805（图4-2）上使用了液晶显示屏，宣告液晶显示屏开始走向应用。随后，在经过扭曲向列（TN）、超级扭曲向列（STN）、薄膜晶体管（TFT，即后来的横向电场效应显示技术［IPS，In-Plane Switching］，也被称为Super TFT）三种模式的调整后，液晶显示屏解决了只能黑白显示、对比度低、反应时间慢等最初的问题，很快走向成熟。与发光二极管显示屏类似，液晶显示屏的应用范围也很广，医学仪器、电子表、手机、数码相机等电子产品都使用过液晶显示屏。但与发光二极管显示屏不同的是，液晶显示屏的技术发展更快，成本也更好控制，因此在发光二极管显示屏被广泛应用之前，液晶显示屏很快抢占了阴极射线管显示屏的市场。液晶屏电视、液晶屏电脑屏幕在20世纪80年代末纷纷出现，90年代以来迅速发展，售价逐渐降低。与此同时，集成电等其他电脑技术也得到很大的发展，手提电脑出现的环境日趋成熟。对于今天的人们来说，Altima NSX（图4-3）、Compaq LTE（图4-4）、Samsung Notemaster SX、Texas Instruments Travelmate 3000等早期型号的手提电脑是非常笨重和缓慢的，但这

图4-2　夏普 EL-805, 1973 年

图 4-3　Altima NSX

图 4-4 Compaq LTE

却是一个质的飞跃。正如当时广告宣传说的那样"Getting your wing",信息社
会终于拥有了自己的翅膀,社会生活的方方面面都因此发生了深刻的变化。

    就实际情况来看,无论是液晶显示屏还是发光二极管显示屏在向阴极射
线管显示屏发起冲击的时候,都经历了较长的时间。它们的成本不是一开始
就低,而是通过不断的技术革新逐渐下压;色彩也不是一开始就占有绝对优
势,而是有一个从黑白到全彩,不断丰富、画质不断提升的过程;同时,阴
极射线管显示屏对新局面也不是毫无应对,它在颜色显示方面具有很大的优
势。可以说,发光二极管显示屏、液晶显示屏在很大程度上就是要获得与阴
极射线管显示屏同等的色彩显示程度。阴极射线管显示屏也发生了一定的
改变,甚至出现了纯平阴极射线管显示屏。这样胶着的阶段一直持续到21

世纪，应该还有很多人记得它们在市场竞争中不断出现的价格战与心理战。1997年，优派（View Sonic）、IBM和苹果公司相继推出的平板屏幕（图4-5、图4-6），成本低于阴极射线管显示屏，色彩显示却相同，又完美地解决了阴极射线管显示屏体积大、重量大、抗震差、能耗高等诸多问题，阴极射线管显示屏时代终于落幕。时至今日，除了博物馆等一些地方还在使用外，阴极射线管显示屏已经基本退出商业市场。

除了发光二极管显示屏和液晶显示屏外，等离子显示屏也是平幕家族的重要成员。其原理是真空环境下，惰性气体会在电压作用下产生等离子效应，放出紫外线，从而激发三原色；激发时间不同，颜色亮度也会不同。1964年，两位美国电气工程学家唐纳德·比泽尔和盖因·斯乐透最早发明了等离子显示屏。20世纪80年代以后，随着个人电脑的普及，研发更为合适的屏幕成为各大电脑生产商的一个重要课题。等离子显示屏（图4-7）是其中一个方向，在液晶显示屏和发光二极管显示屏技术还不成熟时，等离子显示屏已经在电脑、电视屏幕市场占有一定份额了。等离子显示屏也是朝着解决阴极

图4-5　View Sonic, 1997 年

界面设计语言酝酿的环境　　　　　　　　　　第四章　　　65

图 4-6　Apple Powerbook 100

图 4-7　1981 年，等离子显示
屏最先使用在 PLATO 电脑上，
这台 PLATO V 正在显示灰阶橙
的颜色

射线管的技术缺陷问题的方向发展起来的，它可以解决大面板、画面扭曲度、宽视角等问题，并且可以完全无辐射，适合家庭使用。但等离子显示屏也有局限，如在特别明亮的环境下图像无法十分清晰，图像转换时会留下阴影，耗能大，易产生高热，同时在制造小屏方面力不从心。这些技术上的根本问题使等离子显示屏在液晶显示屏和发光二极管显示屏技术成熟后被赶出了主流屏幕市场。

就目前来看，液晶显示屏在很大程度上已经成为继阴极射线管显示屏、等离子显示屏之后的又一个失败者。发光二极管显示屏在解决自身成本高的问题后，对液晶显示屏的优势更加明显。液晶显示屏的技术缺陷逐渐显现，它没有从根本上改变对工作环境要求高、不耐低温及振动、抗冲击性能差等问题，同时，在图像转换速度方面也达到瓶颈。液晶显示屏的改进已经非常艰难，而电致发光技术的优势还在不断体现，更高技术指标的有机发光二极管显示屏已经出现。作为前一代电致发光原理的应用技术，发光二极管显示屏使用的是无机金属材料，而升级版的有机发光二极管显示屏使用的是有机材料。两者相比，有机发光二极管显示屏的优势在于：第一，更轻薄，尺寸也更加灵活，这非常符合当下屏幕的多元使用环境，屏幕的应用已不能单单考虑电视、电脑了，无论是从重要性还是从数量上来说，作为视讯工具的手机已经成为推动屏幕发展的另一大力量；第二，图像在色彩的表现力与对比度上有很大的提升，可以表现的色域更加宽广，关于这一方面，我们几乎已经不能用"更清晰""更逼真"等词汇来描述了，其营造的图像世界令人身临其境，甚至比真实世界更富有魅力；第三，在响应时间方面目前具有绝对的优势，使图像转换得更加流畅自如；第四，在观看视角上一度虽略有不足，但目前已经达到170°，很有竞争力了。如果说，有机发光二极管显示屏还存在哪些不足，那就是以下几个方面了：第一，在亮度方面，它确实不如发光二极管显示屏，但其中的差距还不足以掩盖它的优势；第二，在尺寸方面，发光二极管显示屏已经达到90英寸，而有机发光二极管显示屏还无法做到，这将是它之后技术发展中的一个显著课题（是不是越大的就是越好的呢？这个问题也是值得考量的）；第三，在使用寿命方面，有研究认为有机发光二极管显示屏存在一定的技术缺陷，但这还未被实践证实；第四，有机发光二极管显示屏处在技术上升阶段，成本还不稳定，但就目前的发展程度来看，价格已经不是衡量一件商品的绝对标准，更好的效果、更先进的技术、更好的应用等也变得越来越重要了。

有机发光二极管技术专利属于美国柯达公司。这一技术大致出现在20世纪90年代中期，21世纪之前发展缓慢，进入21世纪后发展快速，三洋、TDK、先锋、飞利浦等各大公司都在进行这项技术的研究和开发。较早的技术应用有1997年先锋公司制造的单色被动式有机发光二极管（PM-OLED）面板车用音响、2000年摩托罗拉公司制造的应用于Timeport手机的多彩被动式有机发光二极管面板（图4-8）等。现阶段，有机发光二极管显示屏主要应用在车载屏幕、游戏机、汽车音响、数码相机等，特别是手机上。

进入21世纪，手机屏幕变得越来越重要。对手机的研发大致是从20世纪初开始的，其动力同样主要来自军工对移动通信的需求，因此手机在第二次世界大战时期得到快速发展。1973年，摩托罗拉公司工程技术员马丁·库帕发明了世界上第一部主推民用的手机（图4-9），从而开启了手机的全民时代。对于早期手机，也许很多人还有印象——一个类似砖头的大家伙。它

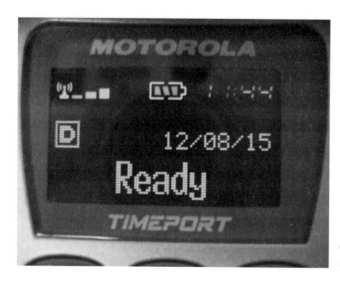

图 4-8　摩托罗拉 Timeport P8767 有机发光二极管面板

图 4-9　第一部手机：摩托罗拉公司早在"手机"一词出现之前就推出了 Dynatac 800X，其第一个原型于 1973 年制造，于 1983 年投入批量生产

一经出现，在很长一段时间内都是朝着更小、更轻便的方向发展；在功能上，手机从最开始的通话功能扩展到可以传递信息、传递图片，最终走向了现在的视讯及智能。我们可能没有办法回答，到底是屏幕改变了手机的发展，还是手机改变了屏幕的发展。不过，可以确定的是，屏幕在手机配置中的作用越来越强大了。手机最开始是没有屏幕的，很快制造商就发现需要一个屏幕来显示一些内容。早期的手机屏幕已经采用了液晶显示屏，从单色到多彩，过渡时间并不长，这得益于屏幕技术在同时期的快速发展。同时，手机对屏幕的强烈需求也在很大程度上影响了屏幕发展的方向。有了屏幕的手机，从单屏发展到双屏再到全屏，从以小体积为目标发展到以大屏为目标。手机的屏幕技术在发展中必须考虑到手机的特点及用户，这改变了屏幕在很长一段时间内追求面积更大的局面。

以界面的方式获取信息

作为一种科技应用类产品，屏幕的历史并不长，但发展却极为迅速。当代社会，电视、电脑、手机的高保有率有目共睹。一直以来，屏幕的发展方向是更清晰、更便捷、更舒适、反应更快速、功能更强大以及更适合当代人的生活方式。那么，更适合当代人生活方式的标准是什么？对于这个问题，我们可以通过反观自身得到答案。

在当代信息社会，世界是一个网络，"获取信息"成为人们日常生活的基本需求。人们通过网络或主动或被动地获取各种信息，信息得到率（Infoaccessibilty）是以往任何一个时代都无法比拟的。信息传播途径的无限增多及速度的无限扩大拉近了人与人之间、地域与地域之间的距离，但是信息传播途径的不稳定与任意截取的片段化，带来了信息世界的无序与凌乱。同时，对虚拟世界信息的过分关注也造成了更多的城市"低头族"，越远的变得越近，而越近的反而变得越远。无论优势还是劣势，信息社会都将人类的生活带入一个信息交换异常活跃的时代。人们工作的时候需要信息，等待的时候需要信息，在日常生活中更需要信息——宣泄情感需要信息，娱乐休闲也需要信息。各式各样的网络符号（Emoticon）充斥在人们周围，世界以从没有过的方式"同步化"。"且行且珍惜""No zuo no die"等网络热词不断涌现，你会发现人们对当下发生的各种"信息"是多么地反应灵敏与心领神会。爆炸的信息流改变着人们传统的生活方式，人们开始缺乏耐心，"标题党"是片段化信息的重要体现，也是人们希望快速获得心理需求的反映。

快速意味着直接、不绕弯路、随时随地，我们了解这一点就会发现，屏幕的发展就是社会生活变迁的一个缩影。屏幕技术的任何一个进步，无不是对人们当下需求的回应。首先，是功能集中。原来分属于不同产品传送的信息不断集中到一种产品，电视、收音机、图书、记事本甚至购物都可以通过网络在一个屏幕上完成。大件实体都变成了手机应用，只有屏幕有能力承担这种改变。你还记得"手机、呼机、商务通一个都不能少"的广告语吗？今天，谁还会随身携带如此多的设备呢？其次，是信息源集中。信息

"传送"变成信息双向"推送"，人们获取信息，也制造信息，网络媒体、自媒体打破了传统媒体对话语权的垄断。社会模式从结构型转向解构型，任何一个事件都可能在短时间内出现逆转，对同一事件的理解也变得更加"罗生门"。这些社会现象实现的可能性，使得屏幕变得很重要。最后，那就是操作不断趋简。电脑的出现使其使用者拥有了一个窗口，每个窗口都是一个点；当网络将这些点连接起来，就构成了一个以往社会从来没有出现过的世界性的"行为艺术"。主机、屏幕、键盘、鼠标组成的"四剑客"，构成了电脑的基本元素，在相当一段时间内非常便捷，当然这也是相对的。当电脑还像房子那么大，还只能通过穿孔卡片输入输出时，这些基本元素的出现简直是巨大的进步。但对于当下来说，"四剑客"已经不算简便，笔记本电脑比台式机灵活，鼠标可以并入键盘或屏幕，主机可以变得越来越小，只有屏幕自始至终都是不可或缺的。屏幕的不可或缺及强大的吸收能力使它距离"屏幕就是一切"的时代只有一步之遥。这也解释了为什么屏幕在手机上的应用已然超过它在电视、电脑方面的应用。与电视、电脑相比，手机更接近未来，而平板电脑也是对未来的一种试探和尝试。键盘和鼠标作为实体配置正处于不断退化的过程中，研制者一直在寻找一种更为直接、快速的操作方式，先是电子笔出现，接着更具前瞻性眼光的研制者发现，电子笔还不是最简便的，最简便的是人体自带的配置——"手指"。在中国有"点石成金"的故事。笔者认为，故事中可以做到点石成金的手指简直比日本动画中机器猫的口袋还要方便。通过手指直接接触屏幕引发反应，这是目前最直接的操作方式。事实上，这种方式很早就在科幻片中出现了，人们现在只不过是与科幻更接近了而已。

　　屏幕技术从阴极射线管走向有机发光二极管，从根本上说是屏幕本身性状的改变，而触摸屏的出现改变的是屏幕的操作方式。这种改变是屏幕发展的重大转折，意味着屏幕在发展方向上出现了岔路，一路朝着屏幕的构成方向持续发展，一路朝着屏幕的操作方式方向不断前进。

被预知的未来

顾名思义，触摸屏就是通过触摸作为输入方式的屏幕。这种输入方式的简便性是显而易见的，因为它更为直接、快速、目标准确，且更易理解。早在20世纪中叶，对触摸屏的研究就于美国开始了，而它的大规模应用却是近十年的事。之后日本实现了触摸屏的产业化，应用对象集中在手机、手持平板电脑领域。手机和手持平板电脑体现了两种不同的发展路径，一个是从通讯工具发展出来的便携式智能产品，而另一个是电脑家族越加简化的结果。随着屏幕技术的发展，两者功能趋向融合。目前，触摸屏的制造重心已经从日本及中国台湾地区转到中国大陆，这在很大程度上为中国成为未来屏幕技术的领先者提供了机遇。

20世纪50年代初，最早配有屏幕的美国半自动地面防空系统已经算是一台触摸屏电脑了，使用者可以通过光枪向阴极射线管态势显示器上的位置点按压扳机（图4-10），以得到相应的数据信息。1966年，好莱坞电影《星际迷航》中出现了触摸屏的镜头（图4-11），这不是无厘头的想象，在电影上映的前一年，英国工程师埃里克·亚瑟·约翰逊就已经撰文阐述了"电容式触摸屏（Capacitive Touch Screen）"的概念，并在1969年获得专利。1971年，美国

图4-10　使用者通过光枪向阴极射线管态势显示器上的位置点按压扳机

图4-11　电影《星际迷航》中有关触摸屏电脑的镜头，1966年

72

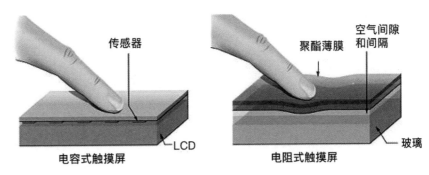

图4-12　电容式触摸屏和电阻式触摸屏的工作原理

科学家萨姆·赫斯特发明了电阻式触摸屏（Resistive Touch Screen），标志着可应用的触摸屏出现了，因此他被称为"触摸屏之父"。

20世纪80年代，商用触摸屏电脑出现了，其代表是惠普PC-150，但当时的操作不是很灵敏，规矩多且不好识别，无法大规模使用。1993年，苹果公司推出了应用手写笔的Newton掌上电脑；同年，第一部黑白屏智能手机IBM Simon问世，它无实物按键，采用触摸屏拨打电话。20世纪末、21世纪初，美国Palm公司凭借Pilot系列主导掌上电脑近十年的市场，直至全彩触摸屏智能手机及手持平板电脑出现，它才退出历史舞台。目前，智能手机及手持平板电脑是触摸屏最广泛的应用者，主要生产商都有自己的代表产品，并通过不断迭代推动市场前进，如苹果、三星等。值得注意的是，在中国政府的大力推动下，国产自有品牌的智能手机及平板电脑已在市场，特别是国际市场上占有了一定的份额。

电阻式触摸屏又叫作电阻屏，是利用压力感应进行控制的一种触摸屏，由两层镀有导电物质的塑料膜构成。无按压时，两层膜中间有空隙不导电，反之导电，形成反应。这种技术不支持多点触控，功耗大、寿命短，而电容式触摸屏是通过电场感应屏幕表面来控制触摸行为。目前，市场上的主流触摸屏采用的都是这种触摸屏方式（图4-12）。具体来说，电容式触摸屏分两种：一种是表面电容式触摸屏，使用寿命长，透光率高，但分辨率低，目前主要用于自动取款机、销售终端机等公共服务平台；另一种是投射式电容屏，更为灵敏，不限于一根手指（但这不是真正的多点触控）操作，是现在智能手机、平板电脑屏幕的主流技术。除电阻式触摸屏和电容式触摸屏之外，还有一些触摸屏，如红外线式触摸屏、声波式触摸屏、光学成像式触摸屏、电磁感应式触摸屏等，它们市场占有率低，多有特殊用途，如特定地点使用和军用等。

从阴极射线管显示屏到等离子显示屏、液晶显示屏、发光二极管显示屏、有机发光二极管显示屏再到触摸屏，屏幕由曲面变成了平面，由厚重变得轻薄，色彩更加艳丽清晰，尺寸更加灵活多变，操作也更加简单方便。屏幕技术显示图像是量化这些进步的核心元素。

像素是最基础的一个。抛开复杂的理论描述，所谓"像素"就是屏幕上构成图像显示的基本单位。无论哪种屏幕技术，其成像依靠的都是一个一个的像"点"。技术不同，"点"的形状和相互的间距也就不同。这些点就是像素，与图像的清晰度有关。"像素"一词最早出现在20世纪60年代，随着电脑的普及而受到关注。像素尺寸是每个像素点的尺寸，以毫米为单位，屏幕的像素尺寸并没有太大差异，大都在0.1—0.3毫米之间，有差异的是PPI（Pixels Per Inch，描述每英寸像素点数量的单位）。PPI的设立是屏幕技术标准化的一项重要内容，同时也是屏幕技术量化的一个重要指标。PPI数值越大，说明每英寸可容纳的像素点越多，图像越清晰。苹果公司最先制定了屏幕像素的PPI数值，为72（图4-13）。这个数值不是凭空得来的，其依据是印刷字体的设计标准，该标准以1/72英寸（25.4毫米）为1 Point。这种做法的好处非常明显，能使电脑与设计师（主要指书籍排版设计师）连接起来，由此我们可以知道为什么现在的设计师大都是电脑应用的佼佼者。72PPI的标准出现后，每一种屏幕几乎都是以此为底线的。

PPI也被认为是图像的分辨率，但分辨率不仅仅指PPI，还指屏幕的精密度，即屏幕所能显示的像素数量。目前，屏幕的分辨率大致有1024像素×768像素、1366像素×768像素、1920像素×1080像素几种。数值越大，画面越清晰精细，因此1920像素×1080像素的分辨率被称为"高清"。但屏幕的分辨率也并不总是越高越好，不同的界面适用不同的分辨率。

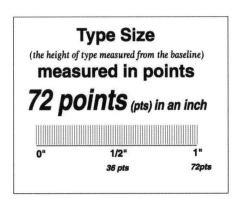

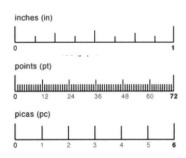

图 4-13　屏幕像素的 PPI 数值标准

　　对屏幕而言，显示图像的色彩是非常重要的。屏幕图像色彩的量化标准是色域。色域是一种色彩编码方法，简单来说，就是将色彩的变化分隔成小的单位来管理，色域越宽，颜色越丰富细腻。阴极射线管显示屏在色域表现上是非常有优势的，在很长时间内，其他屏幕技术研发的重要突破点便在于追赶阴极射线管显示屏的色彩表现。液晶显示屏即如此，但它追赶的结果差强人意。发光二极管显示屏比较出色，弥补了液晶显示屏在色彩表现方面的不足。

　　"可视面积"是指屏幕显示图像的最大范围，"可视角度"是指观看者可以清晰观察屏幕显示图像的最大角度。这两个元素也是衡量屏幕技术优劣的重要指标，影响着观看者在屏幕面前的舒适度和自由度。通常情况下，可视面积和可视角度越大，越会给人身临其境的感觉。但这也不是绝对的，这两个元素与观看距离有很大关系，需要搭配得当。那么怎样才算搭配得当呢？一般情况下，当图像垂直方向的视角为20°、水平方向的视角为36°时，观看者会有非常舒适的临场感，不会因为眼球的频繁转动而产生视觉的疲劳感。这个结论一般用于推算一定屏幕尺寸下最佳的观看距离。

"对比度"是描述屏幕图像灰度反差大小的词汇，简单来说就是图像中最亮的白与最暗的黑之间不同亮度的层级。对比度越大，差异范围越大，反之则越小。对比度与图像的清晰度密切相关，对比度小，颜色的丰富性表达不清，图像就会显得灰暗而模糊；对比度大，图像就会显现更丰富的色彩对比。在屏幕设置中，对比度一般是可调的，但并不是越大越好，过大的对比度反而会使图像失真，因为已经超过了眼睛对色彩的辨识程度。那么到底多大的对比度是最为合适的呢？目前还没有统一的说法，因为每一双眼睛对色彩的辨识能力都不同，但在技术发展上还是朝着不断提升对比度的方向前进。面临同样局面的还有屏幕亮度。阴极射线管球面屏幕时代，屏幕显示受光线的影响较大，屏幕一般都只能设在室内，窗户上还要加装不透光的窗帘。这个时代并不遥远，我们还可以回忆出20世纪末网吧与电脑教室的样子。随着屏幕技术的推进，增加亮度是不可回避的课题，时至今日，屏幕几乎可以在任何环境下使用。那么，另一个问题浮现了出来，亮度是不是越大越好呢？当然不是，无限制地增加亮度而不考虑具体的使用环境，会增加眼睛的疲劳程度。长时间使用不合适的亮度，还有可能对眼睛造成器质性损害。

以上与屏幕显示质量密切相关的元素都是针对屏幕显示图像本身而言，此外，还有一个重要的元素——响应时间则涉及多方面，它描述的是屏幕对输入信号反应的快慢速度以及图像转换的时间。人类大脑的反应速度是很快的，如果屏幕的信号响应时间过慢，远低于大脑的反应速度，那么就会严重影响用户的使用感受，造成用户等待时间过长或在观看图像转换时注意到尾影的拖拽。因此，在屏幕技术的发展过程中，人们对响应时间越来越重视。但在不同情况下，对响应时间的要求是不同的，这就是我们会在屏幕上看到进度条的原因，其与屏幕衍生的界面设计有关，设计者希望通过特定的设计达到安抚用户情绪的目的。

第五章

拟物——界面设计的基础

　　界面是人与机器之间传递信息和交换信息的媒介。屏幕营造了虚拟的窗户，搭建了现实世界与虚拟世界之间的桥梁。界面是屏幕的内容，好的界面视觉语言是技术发展与需求提升交织博弈的结果。界面体现了一种结构，能将复杂的电脑技术通过简单直接的方式呈现在用户面前；界面体现了一种交互，目的是帮助机器更好地为人类工作；界面更是一种视觉语言，美及和谐的形式、色彩等也必然成为好界面的要素。界面有硬界面与软界面之分，随着电子技术和计算机技术的发展，两者逐步走向融合，共同构成人机界面的完整系统。硬界面是从工业革命开始出现的，在没有屏幕之前，硬界面的控制器设计和操作是否得当直接关系到整个系统能否正常运行，以及使用者自身的舒适性。控制器的设计必须考虑人的心理、生理因素，而不是简单把视觉因素放在首位。软界面指软件中面向操作者而专门设计的用于操作及反馈信息的指令部分，是屏幕技术发展的产物。20世纪50年代初，美国半自动地面防空系统赛其使用了阴极射线管显示器，实时、清晰及准确地反映空中的情况。计算机屏幕的正式出现，使得"视觉显示终端"的概念也随之出现了。NLS系统是界面时代的一个里程碑，正式提出通过屏幕进行的多窗口超文本链接以及视频传输。鼠标和光标这一具有革命性的互动设备的出现，实现了在屏幕上进行可视化界面的直接操作，界面又往前走了一大步。

屏幕营造了虚拟的窗户，搭建了现实世界与虚拟世界之间的桥梁。界面就是人们通往虚拟世界的索引，屏幕的大小就是世界的边界。界面设计是表达界面内容的方式，它具有可设计、视觉化的形象，同时遵循一定的模式，具有易于理解的普遍规范和标准。用户依靠这些共性理解界面内容，进行相关操作。

电视屏幕时代，不同的信号意味着不同的电视节目，观众通过扭动或点选按钮来转换频道、调整音量以及开关电源。有了录影机之后，观众就可以按照自己的时间和喜好来选择想看的节目，录影机遥控器（图5–1）与电视机遥控器变得一样重要。后来，画质更清晰、体积更小的VCD机或DVD机出现在家庭中，用户手上又多了一个VCD机或DVD机的遥控器。一个家庭越现代化遥控器越多的现象在十多年前是很常见的。在"建构现代科技家庭"的时代，不同家电产品堆砌的是人们心目中的现代科技社会。这影响了家庭生活的方方面面，科技用户群体不断扩大，生活愈加便利（图5–2），但随之而来的也有新的烦恼。各种遥控器上都有许多按钮，功能越强大，按钮越多。为什么不设计一个遥控器来操控所有设备呢？

电脑屏幕时代，用户通过鼠标、键盘与电脑互动。屏幕、屏幕显示的界面及用户参与界面的操作系统，共同成为摆在设计者和用户面前的重要问题——怎样的操作是简便的，用户体验在多大程度上与屏幕的大小有关，又在多大程度上与相应的操作有关。屏幕连接的是现实世界与虚拟世界，而现实世界与虚拟世界不是各自独立的，它们的互动才是屏幕存在的原因。它们之间的关系依靠的是"命令—回应"模式，在这一模式下，界面与操作系统不可分割，屏幕是界面的载体，而操作系统则是界面存在的方式（图5–3）。

作为人与机器之间传递和交换信息的媒介，界面具有规范、标准的语言化优势，可以帮助人们通过近似的行为，进行"在哪里"与"做什么"的操

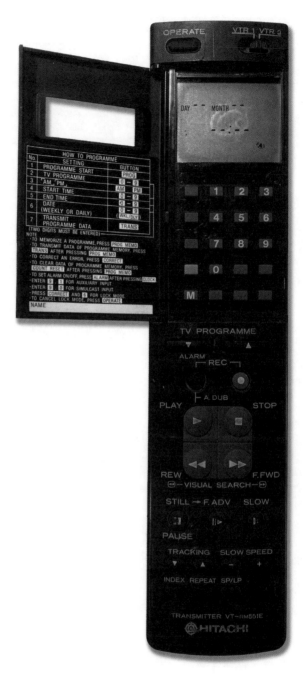

图 5-1 日立录影机遥控器

拟物——界面设计的基础   第五章   79

图 5-2　索尼 Betamax SL-8600 广告 "随时都能看什么"，1978 年

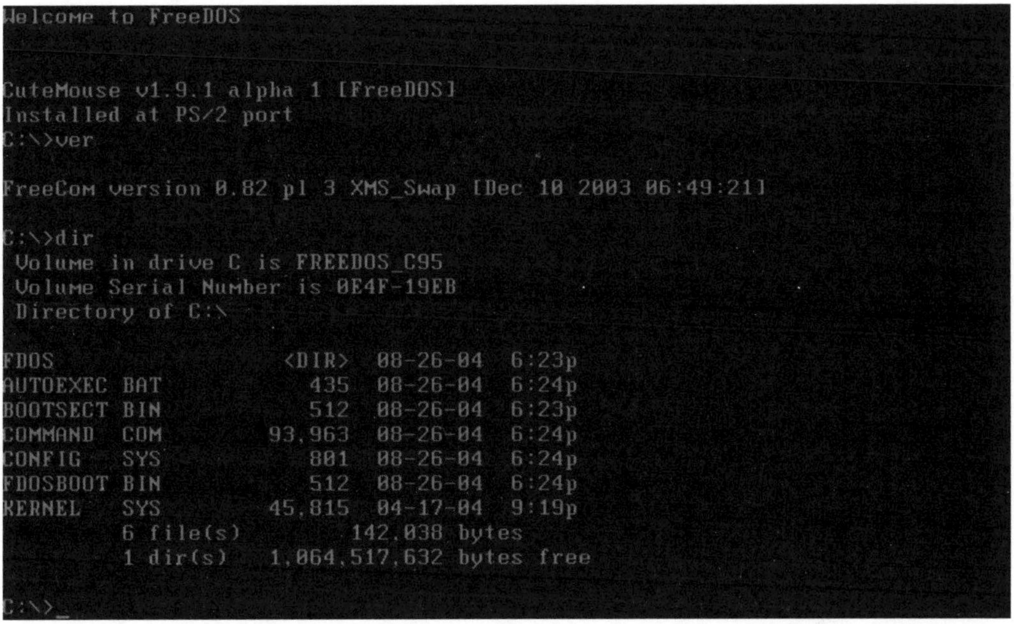

图 5-3　FreeDOS 输入式界面

作。同时，它也有可规划、可设计的特征，可以通过推演与试错不断在回应
人们的命令时完善自身。自电脑出现以来，其功能以及与人的交互方式都有
了显著的发展。电脑的处理能力不断增强，体积不断缩小，成本日渐降低。
以电脑为基础的新设备不断出现和翻新，伴随电脑发展而出现的全新网络平
台日渐稳固，网络影响着人们的日常生活。导航系统成为和城市道路一样的
基础设施，网络游戏、社交网络成为全新的行业，现代职场人士几乎没有不
会使用电脑办公应用软件的，美颜相机正在挑战传统的人像拍摄模式。电脑
就像"电"一样深入社会生活的各个角落。

　　如果说电脑是"电"，那么界面设计就是每个家庭中的电源开关（图
5-4），电脑通过界面设计与人产生互动。电脑技术一直处在稳定而快速的
发展通道，但界面设计并未与电脑技术同步发展。当电脑还处在计算机的
时代，人机是通过机械开关互动的，可视化的界面语言并不存在。直到屏
幕出现，计算机才发展了单纯的计算功能，可以直观表达文字及图形的界

拟物——界面设计的基础　　　　　　　　　　　　　　　　第五章　　　81

面设计得以出现。今天，我们通常使用"桌面"一词指代"界面"。"桌面"是形象化的比喻，我们的桌面会放置什么？一定是协助我们完成相应工作的各种工具。电脑的桌面同样如此，但放置的是各种应用程序。当下社会生活中的我们，一定不会对任务条、下拉菜单、应用图标、各种任务窗口以及不断闪烁的光标等感到陌生。这些被称为图形用户界面（GUI，图5-5、图5-6），即目前世界上最通用的界面设计。当然，界面设计并不是从一开始就是人们熟悉的样子，它自身经历了不断演进才确立了较为普遍的构成元素，即"W（Windows视窗）、I（Icon图标）、M（Menu菜单）、P（Pointer光标）"。但就目前来看，这四种元素已经有改变的迹象，因为界面设计从不是孤立的个体，它与很多方面密切相关。其中，最重要也最直接的就是屏幕技术的发展。

想象一下，在没有电脑以及一切以电脑运行模式为基础的新设备（手机、平板电脑）的情况下，我们如何进行一天的工作。我们一定需要很多东

图 5-4　界面设计就是每个家庭的电源开关

西，包括用大量的纸、笔记录繁杂的信息以及需要不断地在多方间游走，来讨论与摆平各方的不同意见。真是难以想象，电脑已经帮了我们如此之多。在界面上，我们已经习惯了通过敲击键盘的方式输入，更重要的是可以通过敲击特定的按键来反复修改以及标注；不借助尺子，我们可以做出漂亮的版面；通过通信应用工具，我们可以直接传输文件，以便最快地获取客户回应；通过网络，我们可以在信息的大海中捞"鱼"。通用的界面降低了操作的门槛，在更大范围内实现了信息的"民主"，模糊了专业人士与业余爱好者的界线。

那么，具有普遍意义的通用性设计有没有限制界面的丰富性呢？答案是否定的。通用的功能显示方法并没有限制界面设计的丰富程度，界面设计正在技术与用户需求的博弈和平衡中向前发展。界面设计是一种结构，它将复杂的电脑技术通过简单直观的方式呈现在用户面前，并通过目录体系的逻辑分类和语词定义帮助用户理解并找到对应工具。界面设计是一种

图 5-5　MacOS 图形化用户界面

拟物——界面设计的基础　　　　　　　　　　　　　　第五章　　83

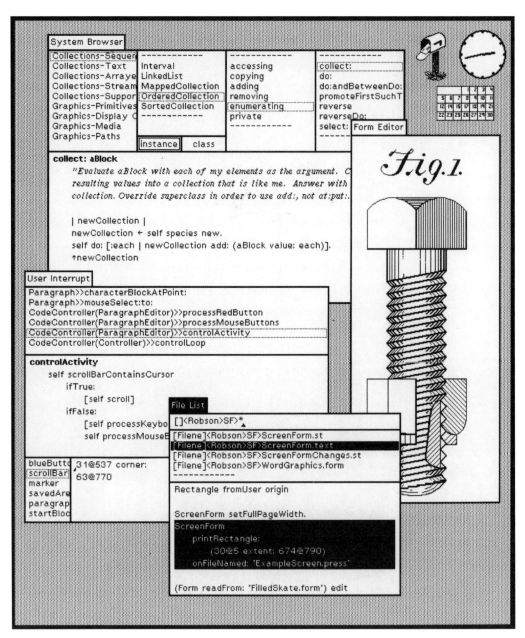

图 5-6　施乐 ALTO GUI, 最早采用图形用户界面的计算机

交互，界面视觉语言存在的目的就是帮助机器更好地为人类工作，因此，它要照顾到人的各种情绪及工作状态，如自动存储、撤销、反复修改、反应迅速等。界面设计更是一种视觉化的语言模式，美及和谐的形式、令人愉悦的色彩和字体等也必然成为好界面的发展方向及要求。界面设计如此重要，研究界面设计就是研究当下的社会，研究界面设计的未来就是研究世界未来的一个重要方面。

用软界面模拟硬界面

作为人与机器之间传递和交换信息的媒介，界面有硬界面与软界面之分。硬界面，主要是指硬件人机界面；而软界面，是指软件人机界面。随着电子技术和计算机技术的发展，二者逐步走向一体，共同构成人机界面的完整系统。硬界面是从工业革命开始的。在德意志制造联盟与包豪斯时期，为适应技术变化，家用电器设计作为一种产品设计应运而生，其以功能主义为指导方针，强调批量生产的标准化，减少多样化和个性化。这是与当时的社会技术水平及文化背景相联系的。各种机器的控制器是硬界面的重要内容，在没有屏幕之前，硬界面的控制器是否好用直接关系到整个系统能否正常运行，以及使用者是否操作舒适。控制器的设计必须符合人的使用要求，考虑人的心理、生理因素。与现在的界面设计原则不同，当时的硬界面并不把视觉因素放在首位，而且在一定程度上规避只靠视觉辨识的控制器。对当时的硬界面来说，只靠触觉就能辨识及应用是非常重要的，因此，当时的手动控制器会特别考虑手的生理特点。例如手柄型控制器会考虑在手柄被握住的部位与掌心和指骨肌之间留有空隙，以改善掌心和指骨肌集中受力的状态，从而保证手掌血液循环良好，神经不受过强压迫。此外，当时还会特别注意在操作控制器时，使控制器的形状将手腕与前臂尽可能在一条直线上，即保持手腕的挺直状态。那些使用手指指尖按压的控制器，其按压面的形状也大多呈凹形；而使用手掌按压的控制器，其按压面则呈凸形，以使之适合指尖和手掌的操作。控制器的形状会直接影响到抓握和操纵控制器的姿势，别扭的姿势容易引起肌肉疲劳不适或增加操作的难度。因此，控制器的形状应该有利于控制器被舒适、方便以及灵活地操作，操作者的体形、生理、心理特征以及人的能力限度均需被考虑其中。

同时，在选择控制器类型上，人体测量数据以及人体运动特征也起到很大的作用。控制器必须能够被大多数人使用，而对于那些要求快速且准确的操作，一般以按钮、手闸、拨动等形式的控制器体现；对于那些需要较大力量的操作，则选择利用手臂或下肢操纵的控制器。对控制器的运动方向也有诸多考量，一般情况下，控制器的运动方向会与机器本身被控的方向一致，最简单的例子是方向盘。硬界面时代的设计原则对后来软界面的设计方向有一定的影响。键盘利用弹簧，使受力均匀，可以减轻操作疲劳。多功能控制器的应用既能节省空间又能减少手的活动范围，如点击向上的按键，光标向上走，反之亦然。这些带有暗示性的操作及布局能够帮助用户利用以往经验，进行相关尝试。

"显示即操作"导引界面设计走上正确路径

今天我们讨论的界面在很大程度上指的是软界面，即软件中面向操作者专门设计的用于操作及反馈信息的指令部分，其操作环境、操作意义以及操作控制系统都与硬界面有根本差异。"软界面"一词，最早由IDEO的创始人之一比尔·莫格里吉在1984年的一次设计会议上提出。他一开始将其命名为"软面（Soft Face）"，意为软件界面（Software Interface）。由于这个名字容易让人联想起当时流行的玩具"椰菜娃娃（Cabbage Patch Kids）"（图5-7），比尔·莫格里吉便将这个词更名为"Interaction Design"，即交互设计。

软界面是屏幕技术发展的产物。20世纪，战争是不可回避的话题，它一方面为世界带来沉重的苦难，另一方面却阴差阳错地促进了科技的飞速发展。20世纪50年代初期，美国半自动防空地面系统赛其改变了以往计算

图 5-7　当时流行的玩具"椰菜娃娃"

机对防空只能起到辅助作用的状态，创造性地通过商业电话线传输数字信号，由计算机自动处理数据并分发，甚至可以直接引导空中作战。这套系统前所未有地使用了阴极射线管显示器，以实时、清晰及准确地展现空中的情况。这一方面宣告了计算机屏幕的正式出现，另一方面也成就了"视觉显示终端"概念的出现。

所谓"视觉显示终端"，首先是"视觉"，即屏幕，只有屏幕出现了，人们才有可能通过视觉显示；其次是"显示"，显示是为了操作，是为了回应命令；而"终端"，又回归到屏幕，对命令的回应最终直观地显示在屏幕上。因此，视觉显示终端不只是屏幕，其所涵盖的内容大于屏幕，是屏幕、操作、界面的综合体。

在20世纪50年代初期的赛其系统中，阴极射线管显示器作为每个操作站的控制台，可以将跟踪信息和地图数据结合显示，因此也被称为态势显示器，即可以实时显示状态的显示器。这一显示器的出现意味着计算机"可视化"课题出现了，计算机已经不单单需要解决计算的问题，还要将信息和内容直接呈现给使用者。这种呈现方式就是最初的界面，界面是伴随着电脑屏幕的出现而产生的。那么，有人会问，电影银幕没有界面吗？答案是肯定的。界面作为视觉显示终端的一个重要部分，它所显示的是对命令的回应。从这一角度来说，电影银幕只能算是人类对视觉观看模式的扩展，而未触及任何一个与图形显示能力匹配的输入设备。

赛其系统虽然是一台军用的计算机，但是它对日后民用计算机的发展有着非常重要的指向性作用。计算机的"脸面"即界面出现了，在界面上能够显示可阅读的文字及矢量图形，人们可以通过这些文字和图形更加直观地看到自己的"命令"以及计算机的回应。

赛其系统出现了电脑屏幕的雏形，也出现了界面语言的雏形，更是视觉显示终端的雏形（图5-8）。如前所述，1968年12月，道格拉斯·恩格尔巴特演示了NLS系统，这是计算机发展史上的另一个里程碑。在一个多小时的时间里，恩格尔巴特向当时全世界最顶尖的计算机精英们展示了通过屏幕进行的多窗口超文本链接以及视频传输。NLS系统显示计算机是一个综合性的信息处理中心，而屏幕是所有信息的表达出口。电脑的使用者可以不懂电脑技术及其工作原理，他只要关注屏幕、关注界面语言就可以获得想要的信息。在恩格尔巴特的演示中，鼠标出现了，光标出现了，这是令人满意的具有革命性的互动设备，实现了在屏幕上进行可视化界面的直接操作（图5-9）。与赛其系统相比，界面语言又往前走了一大步。

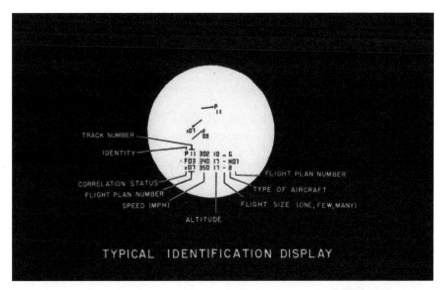

图 5-8　赛其系统的可视化界面

图 5-9　电脑屏幕成为直接的操作界面

"所见即所得"使界面设计可为设计师所用

随着鼠标和光标的出现，用户可以用二维的手势输入对应二维的屏幕终端。1968年，道格拉斯的NLS系统给出了肯定的答案，确定了未来电脑及界面的雏形。从这一角度说，鼠标是输入工具设计道路上的一个重要节点。事实上，恩格尔巴特在斯坦福研究中心（SRI）也曾为NLS系统创造出一个可点选文字的编辑器，不过这个发明跟着他的研究团队一起转入施乐公司旗下，并成为他们第一台采用图像用户界面的计算机——ALTO的主要设计。

1973年，施乐帕洛阿图研究中心（PARC）的研究人员制造出ALTO（图5-10），这是一款有位图显示器和鼠标的电脑，也是一款为个人使用的电脑。更特别的是，在ALTO出现的时候，研究中心已经研发出以太网和激光打印机这两个对界面设计影响深远的设备。在结合了NLS系统的ALTO上，我们可以发现文字编辑器的运行速度是非常快的，这可以让使用者以搜寻、选取的模式将文字放在想要放的位置上，从而取代重复输入。对于程序设计师而言，这是一个非常好的互动模式。但对于没有计算机基础的使用者来说，却还需要花费一点时间去学习。为此，拉里·特斯勒与蒂姆·莫特开始设计一个文字编辑和版面配置相对应的系统，在不断测试和反复地调整下，它已经相当接近现在的电脑桌面。

位图显示是ALTO另一项重要的创新。竖放的屏幕更接近一张纸的比例，更便于呈现图像，用户可以利用鼠标在屏幕上画出黑色或白色的点。但如果制作接近屏幕尺寸的图像，则需要非常大的内存。尽管如此，ALTO还是解决了传统图像及印刷设计向电脑图像过渡的问题。虽然更早的电脑已经出现过一些基础的字体形态，但在位图显示状态下，电脑屏幕上已经可以呈现出与印刷纸本一样的视觉效果。虽然只有72像素，网点密度只达到印刷品的三分之一，但在"所见即所得"的道路上，ALTO已经走得很远了。

以现在的眼光来看，当时ALTO的界面可算是现代与生硬的奇特组合。不久之后的1981年，施乐公司生产了ALTO的替代产品——STAR工作站，

图 5-10 1973 年施乐帕洛阿图研究中心制造的第一台拥有图形用户界面的计算机 ALTO

正式名称为"施乐8010信息系统",这被认为是世界上第一个正式的软界面,因为它已经是一个比较完整的图形用户界面了。这个以个人应用为目的的商业化系统综合运用了多种技术,其中很多在今天司空见惯,但在当时却具有里程碑的意义。STAR工作站有一个位图显示器以及一个基于窗口的图形用户界面,界面上有图标与文件夹,电脑外置鼠标(2键),内置以太网,带有文件服务器、打印服务器以及邮件功能。该界面的设计者是美国人诺姆·考克斯。

诺姆·考克斯毕业于美国路易斯安那州州立大学的建筑和设计专业,1972年加入施乐公司达拉斯分部,负责机械设计,主要为电子打字机设计螺母和螺栓。工作之余，他喜欢画漫画（图5–11），这改变了他的命运。几年后，工业设计和人为因素部的经理罗宾·金基德邀请诺姆·考克斯设计打字机打印轮上显示的字体，这帮助他成为一名字体设计师和平面设计师。20世纪70年代末，罗宾·金基德开始为ALTO寻找"可用性"和"易用性"的方法，诺姆·考克斯第一次看到完整的电脑，这个复杂机器包括屏幕、键盘、庞大的存储磁盘以及一个带有三个按钮的被称为"老鼠"的小东西。

那时候，诺姆·考克斯的同事已经开始使用这个噪音很大的怪物，连接以太网来发送和接收电子邮件。他当时有一个疑问，为什么在已经有电话的

"Two Macs and a fry to go"

图 5–11 诺姆·考克斯利用电脑为前施乐公司总裁画的漫画

年代还需要编写邮件。ALTO已经拥有被称为Bravo的文字处理程序以及被称为"Flyer and Markup"的简陋绘图程序，会画漫画的诺姆·考克斯被要求利用这些程序来完成草图，以测试这些程序的"可用性"。利用鼠标在蓝色屏幕上绘制由黑色像素点构成的图案，就像用铅笔在石头上画画，诺姆·考克斯花了相当长的一段时间来适应这种方式。他的工作很有效，甚至变成了公司的一个景点，每天都会有人来参观他作画的过程。

工业设计和人为因素部是施乐公司的一个服务部门，为公司的各种产品提供创意和支持。作为经理的罗宾会向其他部门推荐他们的创意，系统发展处也是他打交道的部门之一。当时，系统发展处正在汇集帕洛阿图研究中心的一些硬件和部分软件来构建新的施乐公司的STAR工作站，罗宾觉得自己的团队有能力去帮助进行早期开发。经过罗宾的推荐，有绘画能力的诺姆·考克斯参与到新系统的开发工作中。这时，以图形的方式代表机器的部分功能，即图标已经在考虑之中了。诺姆·考克斯被要求设计一些能够表示功能的图标范例供他们参考。"接收邮件"成为第一个被测试项。1978年的夏天，在毫无经验可循的前提下，诺姆·考克斯设计了第一个图标（图5-12）。显然，结果是不理想的，这个图像更像一个有趣的插画，而不是图标，这并不是施乐公司想要的。在和施乐之星团队合作的过程中，诺姆·考克斯接触了之前从未涉足的领域，很快找到了方向，开始了具有开创性的用户界面设计工作。

一些早期的图标设计作品，是由华莱士·贾德、比尔·鲍曼、戴维·史密斯和诺姆·考克斯制作的（图5-13）。今天来看，这些图标呈现出一种颗粒状的粗糙感，有点古老，但总体来说是简洁的、直接的，形态也是优雅的，基本确立了以后图标的设计方向和原则。在经过对潜在用户的测试后，这些早期图标根据反馈又进行了一定程度的修改、完善，充分考虑了良好的设计原则及人的心理、行为模式。这种试错的方法是工业时代的硬界面设计方式的延续。

可以说，从STAR工作站开始，屏幕界面在电脑技术中的作用得以凸显，更多的内存被分配给界面显示。这是极大的冒险，但正是这样的冒险带领电

图 5-12　第一个图标

Figure 1.
Set 1 (Cox)

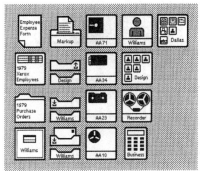

document	printer	floppy disk	user	directory
record file	out-basket	mag. card	group	
folder	in-basket	cassette	recorder	
file drawer	in-basket (with mail)	mag. tape	calculator	

Figure 2.
Set 2 (Bowman)

document	printer	floppy disk	user	directory
record file	out-basket	mag. card	group	
folder	in-basket	cassette	recorder	
file drawer	in-basket (with mail)	mag. tape	calculator	

Figure 3.
Set 3 (Smith)

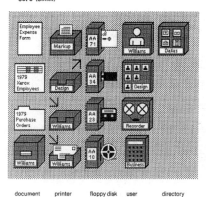

document	printer	floppy disk	user	directory
record file	out-basket	mag. card	group	
folder	in-basket	cassette	recorder	
file drawer	in-basket (with mail)	mag. tape	calculator	

Figure 4.
Set 4 (Judd)

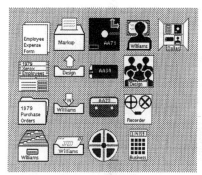

document	printer	floppy disk	user	directory
record file	out-basket	mag. card	group	
folder	in-basket	cassette	recorder	
file drawer	in-basket (with mail)	mag. tape	calculator	

图 5-13　由华莱士·贾德、比尔·鲍曼、戴维·史密斯、诺姆·考克斯设计的早期图标

图 5-14　费茨法则，数学公式表达为：$T = a + b \log2 (D/W+1)$。T= 移动设备所需时长，a 与 b 是经验常量，D= 设备起始位置和目标位置的距离，W= 目标的大小

脑走向今天丰富的视觉传达。为了能使屏幕上的图形更好地显现，STAR 工作站还将屏幕刷新率提升至50兆赫（MHz），而当时一台STAR工作站一共只有约90兆赫内存带宽，这样的内存使用率是非常惊人的。目前电脑屏幕的刷新率也只有60兆赫，而当时的STAR工作站已经使屏幕画面快速处理技术达到了有效应用的层面。

在ALTO中，鼠标通过XY两个滚轴移动，到STAR工作站时已经变成电子感应球移动，灵活度有了很大提升，光标在屏幕上更加自由了。这一变化是基于屏幕技术的改变而产生的，更是费茨法则（Fitts's Law，图5-14）[1]的体现。使用者只要稍加练习，就会掌握光标运行的速度与需要到达位置之间的微妙联系。用户不触碰的时候，光标会保持在最后被放置的位置上，不再需要每次都调整位置，这更符合用户的心理预期。

STAR工作站团队率先在界面中制定"用户概念模型"，这是非常具有前瞻意义的。其工作模式不是先编写软件逻辑系统，再缝合用户界面，而是先关注用户如何看待这个软件，再在用户需求的基础上构建软件逻辑系统。这是非常抽象及复杂的概念。用户使用怎样的语言来表达对电脑的命令，如何理解在屏幕上显示的当下状态，以及如何看待电脑系统正在进行的行为，这些问题都是非常主观的，每一个用户都有自己的逻辑及解决方法。从繁复的

1　费茨法则是人机互动以及人体工程学中人类活动的一个模型，它预测了快速移动到目标区域所需的时间与目标区域的距离和目标区域的大小有关。该法则由保罗·弗茨于1954年提出，多用于表现指、点等动作的概念模型，无论是用手或者手指进行物理接触，这是在电脑屏幕上用假想的设备（例如鼠标）进行虚拟的触碰。

结果中确立具有普遍意义的方法，从而构建严谨的界面是STAR工作站留下的重要精神财富。在此之前，没有制造者关注任务分析（Task Analysis），而STAR工作站能帮助制造者了解不同用户对软件的不同诉求及工作模式。了解越多，最终的用户界面设计越合理；构建的工作环境越贴近用户，便越具有实用性。

除任务分析外，原型设计（Prototyping）是STAR工作站为后来的界面设计留下的另一重要经验。对于STAR工作站来说，ALTO就是一台原型机，根据用户测试来决定抛弃原型还是将原型发布给用户。STAR工作站给出了正确的答案。发布原型可以获得时间，但代价高昂。因为对于用户来说，强制性的适应过程是极为痛苦和漫长的；而对于产品来说，也无法起到振聋发聩的效果。对不实用的东西，人们关注的时间有多长呢？施乐公司在这个问题上做出了自己的选择。ALTO之后，施乐公司在八年时间里制造了近千台机器供潜在客户测试，最终成就了STAR工作站的成功。STAR工作站系统的用户界面元素和今日的电脑桌面已经非常接近，有视窗、图标、滚动条，但还没有出现下拉式菜单以及彩色的界面（图5–15）。

STAR工作站对图形用户界面后来的发展还有一个重要的意义，那就是确立了一些开发或者说设计的理念。第一，STAR工作站在自己的概念模型中提出了一些关键词，尽力做到"容易、具体、有形、复制、选择、认识、编辑、互动"，而避免"困难、抽象、无形、创建、填写、生成、编程、批量"。第二，STAR工作站为自己也为未来的界面确立了一些目标：用户熟悉的概念模型、"看"和"指出"多于"记忆"和"输入"、所见即所得、通用指令、一致性、简约、非模式化的交互以及用户自定义的可能性。

前面已经提到过的"概念模型"，用来为用户解释系统的运行。STAR工作站已经开始使用用户熟悉的对象来比喻系统行为，例如纸张、文件夹、文件柜、邮箱等。复制、删除也是通过鼠标移动，发送邮件就拖入"OUT（寄出）"，接收就看"IN（收件）"（图5–16），好像在真实的世界里一样。这种比喻使系统变得简易、清晰。

图标可以通过鼠标上的按钮"打开"，在完成"打开"这个动作后，图

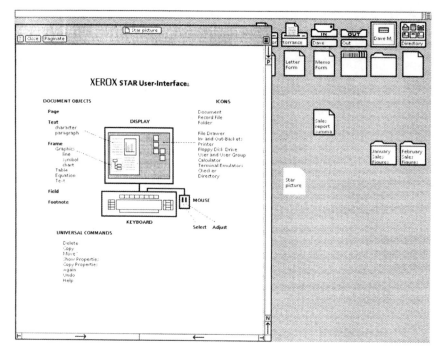

图 5-15　STAR 工作站的界面已经有视窗、图标、滚动条,但还没有出现下拉式菜单以及彩色的界面

标将扩展到一个更大的被称为"窗口（Window）"的尺寸。"窗口"作为显示和处理信息的机制确立了。电脑桌面的界面采用独特的灰色，使图标和窗口更为突出。STAR工作站确立的这种模式现在看来是非常简单的，但在当时没有先例的情况下，确立这些是非常难得和重要的。

"显示与隐藏"，好的系统可以使相关的任务都显示在屏幕上。STAR工作站发现了视觉传达的重要性，在这一系统中对象及动作都变得可见，用户不用记忆而只需选择以及不断地尝试工具。而对于复杂的东西，STAR工作站选择了隐藏，只在用户需要的时候才会被找到及控制。

"所见即所得"，即屏幕所显示的内容和打印出来的内容是一致的（图5-17）。ALTO的文字编辑器Bravo已经进行了这种尝试。判断是不是能够做到"所见即所得"，主要看屏幕的分辨率，低分辨率不行，而STAR工作站的屏幕

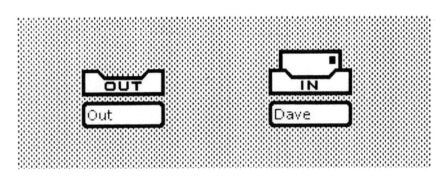

图 5–16 发送邮件就拖入"OUT",接收就看"IN"

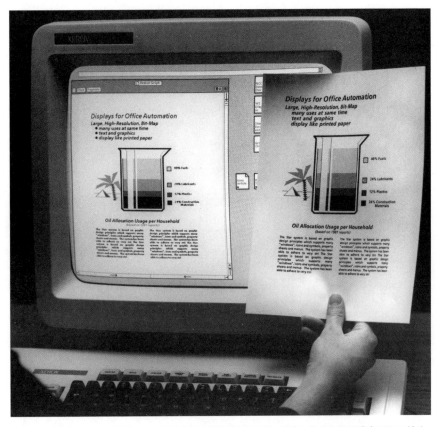

图 5–17 施乐 STAR 工作站 8010 界面"所见即所得"的承诺:屏幕上的编辑界面类似于纸上输出。图片显示的是施乐 STAR 工作站,这是 1981 年的产品,并在很大程度上影响了苹果麦金塔。

已经做到了72点（72dpi）。"所见即所得"有利于提高工作效率，使"界面设计"可为设计师所用。

STAR工作站系统中已经开始使用"通用命令"，分别是移动（Move）、复制（Copy）、删除（Delete）、显示属性（Show Properties）、复制属性（Copy Properties）、再次（Again）、撤销（Undo）以及帮助（Help）。这些命令在系统的任何一个地方，对任何一个对象都能使用，因此被称为"通用命令"。这些命令整合了复杂的系统指令，使操作变得简单明了，从而帮助用户更快适应系统。例如用"移动"的行为代替了"发送""接收""存储"等。

动作的"一致性"（图5-18），也在STAR工作站系统中得到应用。例如，如果鼠标左键可以用来选择一个字符，那么它也可以用来选择一个图形或一个图标。"一致性"带来的好处显而易见，但同时这也是在计算机系统中最

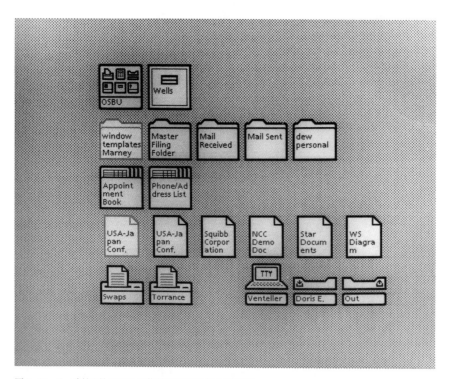

图5-18 "一致性"是STAR工作站界面设计的重要原则

难实现的。例如，一个文件在打印完后可能有不同的选择。删除图标，或是把图标放到一个位置，还是打印机图标继续出现，这在当时是一个不好处理的问题。从"一致性"的角度出发，这个问题还会在发送邮件时出现。综合考量后，STAR工作站选择将文件放到一个位置上——显然，删除是不明智的，而继续留放在那里也不合适。"一致性"为用户建立了新的习惯和行为模式，促进了人机合作。

界面设计的成功使电脑成为设计的潮流

1979年，苹果公司创始人史蒂夫·乔布斯与公司内几位重要工程师访问了施乐公司的帕洛阿图研究中心。这次访问是以苹果的十万股权为代价换来的。在访问的几天时间里，位图显示技术给乔布斯留下深刻印象。他认为个人电脑要建立图形用户界面，之前的命令式操作流程（Command-line Interfaces）对于使用者而言要求太过苛刻了。

在施乐公司位图显示技术的影响下，苹果公司第一部拥有图形用户界面的个人电脑于1983年初面世，产品名称为丽莎（Lisa），这是乔布斯女儿的名字。它也采用鼠标作为指示器，其图形用户界面基于乔布斯在施乐公司所见并有所发展，出现了下拉式菜单及彩色界面（图5-19）。与STAR工作站一样，苹果丽莎为了更好地在屏幕上显示图形，付出了高昂的代价，当时的第三方软件开发商还不习惯为这样的电脑开发应用软件。因此，虽然苹果丽莎拥有看上去不错的图形界面，但市场却反应平平。

事实上，为更好地研究用户习惯，苹果丽莎对用户需求进行了深入的测试，更改了STAR工作站滚动条上箭头的方向。这一小小的改动看似不重要，却更贴近用户的潜意识，加强了用户对"更多"信息的期待。下拉式菜单也很有趣，这一方式使屏幕永远有足够的高度及宽度去显示菜单，无论用户在使用哪一个窗口；同时，用户在选择时也会下意识地操作，不用去另外学习及思考。

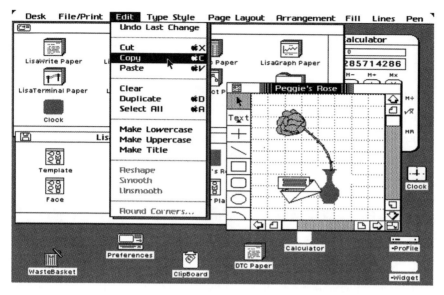

图 5-19　苹果丽莎的图形用户彩色界面，出现了下拉式菜单

　　苹果丽莎的诞生，证明了苹果公司能够创造出独特的界面和交互风格。图像用户界面的确让电脑更易操作，但商业的失败迫使乔布斯在1984年放弃苹果丽莎，转而开发一款较为低廉的个人电脑——苹果麦金塔（图5-20），这款拥有图形用户界面的电脑，于1984年发布。乔布斯希望利用麦金塔让苹果公司重创意的形象更加突显。为了更好地推出麦金塔，乔布斯花费150万美元在电视上为它做广告，广告内容暗示苹果麦金塔将使人脱离IBM的控制。这个广告轰动一时，至今被认为是广告发展史上的经典案例。麦金塔在图形表现上的优势被渲染得淋漓尽致。以苹果丽莎"Quickdraw"为基础发展起来的MacPaint，是一个兼具工具和玩具双重特质的软件，既有趣又具备绘画功能。MacWrite是第一款随机附送的软件，可以帮助用户方便地进行文字编辑，其中几项功能深刻地影响了后来的文字编辑软件，如查找、替换、利用尺子上的小三角改变缩进程度等。除了MacPaint和MacWrite，HyperCard（图5-21）也是麦金塔的一个重要贡献。它是现代浏览器的先驱，只是当时它连接的不是互联网，而是电脑内的文件，可以在卡片上添加彼此联结的文字和

图 5-20　苹果麦金塔, 1984 年

图 5-21　苹果麦金塔上的 HyperCard, 现代浏览器的先驱

拟物——界面设计的基础

图像，从而形成一个简单又好用的交互格式。与苹果丽莎相比，麦金塔很成功，一时间购买者众多。

20世纪70年代末、80年代初是众多电脑研发公司发展的关键时期，STAR工作站与麦金塔的成功使人们发现，图形用户界面成为电脑未来发展的关键。围绕这一问题，各研发公司开始了积极的尝试。Visi On是IBM个人电脑第一个完整的图形用户界面（图5-22），单独售价高达1495美元。Visi On由VisiCorp公司在1983年底发布，时间稍早于苹果麦金塔，比微软视窗（Windows）要早好几年。从当时来看，Visi On在很多方面是先进的。它有重叠的窗口、普通用户界面控件、自定义文件系统、便携式虚拟机以及一个集成的办公套件，还支持第三方应用程序开发。但其界面效果不理想，单色CGA图形模式（640像素×200像素）无法与同期的图形用户界面相比：它没有图标，用户只能通过点击文本标签来启动程序或工作；字体间距也不恰当，所有字符都是固定宽度；没有滚动条，长文本依靠鼠标右键拖动观看；它还放弃了鼠标的光标箭头，而使用20世纪60年代古老的垂直方块。这些并没有帮助Visi On在商业市场开疆扩土，几乎同时期发展的ALTO、STAR工作站、苹果丽莎以及麦金塔都已经开始关注用户体验的各种细节了。Visi On的界面没有任何控件，只在屏幕底部放置了一些选择项，而这些选择项对后来界面的发展有积极的意义。这些选择项包括"帮助（启动内置帮助程序）""关闭（缩小窗口并将其放置在屏幕右上角）""打开（操控窗口）""全屏（操作窗口使其占据整个屏幕）""框架（改变选定窗口的大小）""选项（显示程序的偏好）""传输（应用程序间的信息传输）""停止（在动作未完成时取消操作）"等。

图形环境管理（Graphical Environment Manager）系统，简称GEM，是由数字研究公司（DRI）开发的一款图形用户界面（图5-23）。与STAR工作站和麦金塔拥有自己的芯片不同，GEM是一款基于英特尔8088和摩托罗拉68000微处理器的视窗系统，被认为是第一代视窗。很快，GEM衍生版本就可以在磁盘操作系统（DOS）环境下运行了。在微软视窗3.0发布之前，GEM使用广泛，不但可以支持Atari ST系列计算机，而且能够应用在阿姆斯特拉德生

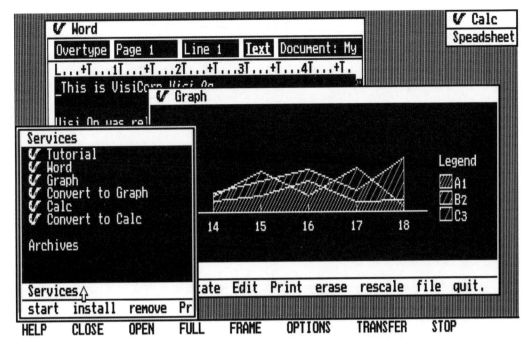

图 5-22　IBM 个人电脑第一个完整的图形用户界面 Visi On

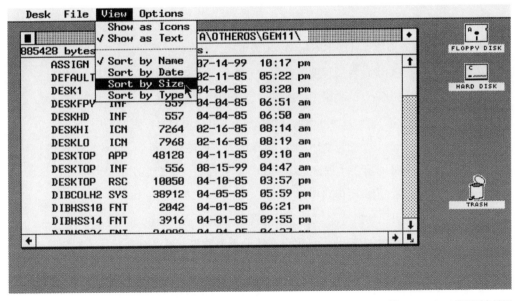

图 5-23　GEM 图形用户界面

产的一系列IBM PC上。作为一款优秀的图形用户界面，GEM使很多电脑焕发了生机，但也遇上了很大的麻烦。因为和麦金塔的界面设计太过相似，苹果公司以"外观和感觉"近似为由起诉了数字研究公司。这是20世纪80年代第一个关于界面设计版权的诉讼。

图形用户界面的出现及确立，一方面使各电脑公司找到了发展方向，另一方面也深深地打动了诸多电脑用户的心。无论从制造者还是从使用者的角度看，图形用户界面都是不可或缺的。可以说，只有图形用户界面出现了，个人电脑的普及才不是天方夜谭。很明显，当时与电脑普及相关的因素主要有三个：降低成本、增加功能，以及改善可用性和提高服务。界面的发展是其中的关键。降低成本可以让更多的人去购买电脑，但是完善用户界面却可以使更多的人使用电脑。

Deskmate也是早期界面发展中比较有竞争力的一款，稍早于微软视窗，它在很长一段时间内是微软视窗强有力的竞争者。作为一款以ASCII（American Standard Code for Information Interchange，美国信息交换标准代码）文本为基础的桌面图形用户界面，Deskmate服务于Tandy公司开发的TRS-DOS系统，与后来的BIOS（Basic Input Output System，基本输入、输出系统）界面相似，是将界面嵌入程序里。Deskmate为其他许多办公应用软件提供了入口，但它的所有视窗都与网格对齐而不能拖放，且图形不精细、笨重单一，不是很人性化。

虽然与现在的界面设计发展程度还有很大差距，但不得不说，早期的界面视觉语言已经呈现出强大的凝聚力，将制造者和使用者凝聚在了一起。用户不再是被动的接受者，Amiga Workbench就是一款可以让用户自行定义的图形用户界面系统（图5-24）。作为Amiga 电脑默认的本地操作系统，AmigaOS非常复杂和混乱，除了带有一个视窗系统 Intuition，还带有一个图形用户界面Workbench。有趣的是，用户不但可以通过Amiga Workbench编辑鼠标指针的外观（图5-25），而且可以切换屏幕以及分屏，还可以定制众多颜色和尺寸不同的图标。这些自由选择太超前了，用户在体验方面并没有感到方便舒适，反而无所适从。

在早期图形用户界面的开发大军中，微软公司并没有缺席。比尔·盖

图 5-24　安迪·沃霍尔利用 Amiga 1000 的"涂鸦"图形界面软件进行的创作

拟物——界面设计的基础　　　　　　　第五章　　**107**

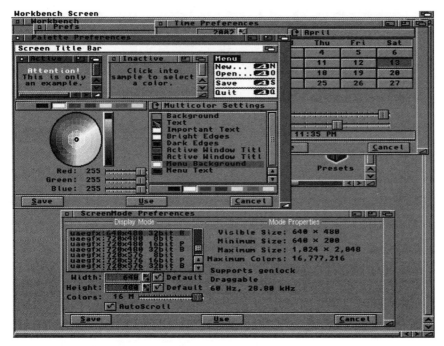

图 5-25　AmigaOS 用户可以编辑图形用户界面外观

茨设计的一款叫作"界面管理"（Interface Manager）的系统，后来更名为"视窗"。"界面管理"最早看上去与 ALTO 的 Bravo（第一个界面文字处理器）很像，但在1985年发布时，已经发展成为相对完整的图形用户界面，出现了滚动条、窗口控制部件以及菜单。有趣的是，微软视窗中的窗口最初是平铺的（图5-26），而不是重叠的。这个建议来自原施乐帕洛阿图研究中心的员工，因为 STAR 工作站利用的就是平铺的窗口，重叠的窗口被认为会使用户混淆。比尔·盖茨并不太认同这种设计，他认为平铺的窗口在需要转换时不易移动和缩放，会使用户有卡住的感觉。不久，微软视窗就在后来的版本中将窗口从平铺改成可重叠。事实上，微软作为麦金塔的第三方开发者之一，在很早就拿到了麦金塔的测试机，这在很大程度上影响了微软视窗的设计方向。

发布于1986年的 GEOS 是供 Commodore 64 电脑使用的一款图形用户界面。

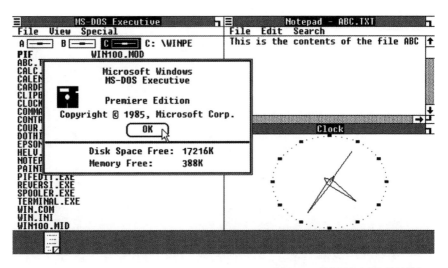

图 5-26　微软视窗中最初的平铺窗口

Commodore 64是20世纪80年代相当流行的一款家用电脑，从1982年至1993年共销售约2500万台，被认为是当时世界上最畅销的电脑之一。畅销原因在于它的游戏功能十分强大，其主要的外置设备不是鼠标，而是操纵杆。围绕这款游戏电脑，大量的游戏软件被开发出来。GEOS（图5-27）看上去与麦金塔非常相似。磁盘图标被放置在界面上，点击后会以新文件窗口的方式打开。文件窗口的大小是固定的且不能移动。打印机图标也出现在界面上，需要打印的文件被拖到打印机图标上，从而完成打印任务。不要的文件可以被拖拽到垃圾桶中删除。桌面和应用程序的下拉菜单位于屏幕的顶部，但为了节省空间，它们并没有跨越屏幕的整个顶部。虽然与麦金塔十分相似，但GEOS并不是对麦金塔的简单照搬，它也有自己独特的界面功能。例如它显示的图标列表可以相互堆叠，用户可以通过点击"翻起"查阅，这有点像翻书。同时，GeoWrite也是一个不错的文本编辑器（图5-28），可以做到"所见即所得"，也包含了一些字体，并且出现了一些文本格式选项，最重要的是还可以插入一些图形文件。

　　在早期图形用户界面中，还有一款X11 视窗系统。这一系统简称X窗口

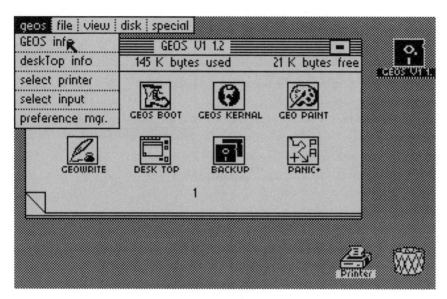

图 5-27　GEOS 桌面和应用程序的下拉菜单位于屏幕的顶部

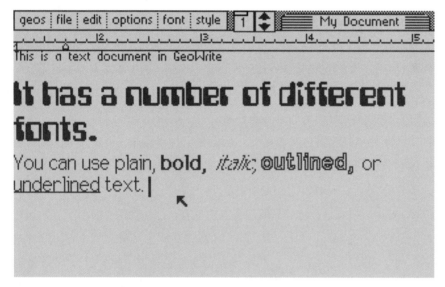

图 5-28　GeoWrite 文本编辑器出现文本格式选项

110

系统，可运行微软视窗、麦金塔或跨平台的UNIX应用程序，是一个框架性的位图图形用户界面。其最大的特点是本身没有界面内容，只为开发图形用户界面提供基础框架。在这个基础框架上，程序员可以利用应用程序中的开发工具包快速创建图形界面的各种元素，以提供给最终用户。可以说，这是一台为程序开发者量身定制的电脑，是最终实现图形用户界面道路上的一个节点，程序开发者可以利用这个系统创建不同的最终用户界面。在这个过程中，程序开发者更类似于设计师的角色。

第六章

桌面的隐喻——界面设计的方法

　　拟物是界面设计的基础，图形用户界面在开发的过程中逐渐确立了"桌面"的概念。笔者认为"桌面"是图形用户界面发展的一个关键点，是建立界面设计的方法。在这个形象化的认知下，界面不再是冷冰冰的，而朝人性化的方向发展。设计行业相关人员从图形用户界面开始，利用界面视觉语言进行创作、出版和生产。界面前所未有的可能性和局限性造就了许多新兴的设计语言和风格，也使业余人士进入专业领域成为可能。前文所提过的图形界面设计语言的四个元素——WIMP（即视窗、图标、菜单、光标）也获得了大多数电脑制造者的认同。桌面时代的重要代表——微软视窗扮演了规则制定者的角色，发展出成熟的界面操作系统，实现了真正意义上的用户普及。虽然受到微软视窗的挤压，但苹果公司也在乔布斯的带领下开发了Mac OS，确立了自己的定位，着眼于更长远的未来。掌上电脑普及后，屏幕和界面的融合特性更加明显，人们诸多生活需求被整合在同一平台。从目前来看，笔者认为，图形界面设计语言的构成元素已经开始发生改变，从WIMP走向

FIMS（F代表Finger［手指］、I代表Icon［菜单］、M代表Menu［图标］、S代表Screen［屏幕］），这种转变直接影响到设计行业的整个结构。

20世纪70年代初，施乐公司开发ALTO的团队中有一位叫蒂姆·莫特的工程师。他将引导式幻想的方法引入电脑界面的研发中，较早地提出"桌面（办公室）模拟"的概念（图6-1）。当时他和同事正在思考如何为文字编辑软件设置以用户为中心的界面，以帮助用户完成对文件、档案的各种操作需求。蒂姆在酒馆等人的时候，脑海里突然闪现出一个办公室的场景：如果有人拿了一份文件要归档，他得走到档案柜前，再把东西放进去；如果要复印，就要带着文件走到复印机前；如果要丢东西，则要走到垃圾桶旁。很快，蒂姆和他的同事将"办公室情境"带入界面设计。其界面是一个虚拟的桌面，人们要做的就是在这个桌面上放置各种需要的东西：文件柜、打印机、垃圾桶，当然还有日历、时钟、计算器、信件篮等。

图 6-1　蒂姆·莫特的"桌面"概念设计

114

受到当时的电脑技术、屏幕技术的限制，桌面系统并不是一下子成为现在的模样，但正是基于一点点的进步，今天的电脑以及各种衍生设备才能变得如此普及。早期界面设计发展中的各种尝试都推动了界面语言的发展，如ALTO提供了简陋的文字编辑器及绘图程序，STAR工作站出现了图标、视窗、滚动条，苹果丽莎贡献了"下拉式菜单"等。今天我们熟练使用的界面视觉功能——视窗、复制、粘贴、拖拽、放大、缩小、字体选择、排版等，都是通过当时一点点的"试错"获得的。

　　在经历了早期的各种尝试后，界面设计在20世纪90年代迎来了发展的转折点。以图形及用户为基础的设计理念彻底确立，界面所要表达的内容有了一定的共识，图形用户界面等于WIMP获得了大多数电脑制造者的认同。界面已经更接近桌面的形象了。同时，纷乱的电脑界面开发局面经过自主整合，集中在了为数不多的几个幸存者上：Novell收购了数字研究公司（DRI），GEM在1989年被停止销售。1993年，Atari公司停止销售ST系列产品，Commodore公司在1994年破产。资源配置、发展模式更为集中的桌面时代来临了。

　　在WIMP四个元素（图6-2）中，"视窗"是基础，相当于实际桌面上的纸张。但与纸张相比，它能代表得更多。在讲述屏幕技术发展的过程中，我们可以看到窗口是怎样从现实走向了虚拟，"视窗"是我们与虚拟世界沟通的载体。每打开一扇窗，我们就打开了一种沟通的方式；每打开一扇窗，我

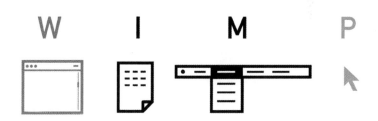

图 6-2　图形界面设计语言的四个元素

桌面的隐喻——界面设计的方法

们就可以看到新的风景。"视窗"的概念在界面发展之初是非常关键的，它是"屏幕"概念的延伸，几乎所有的开发者都选择了"视窗"，微软更是将自己开发的图形用户界面直接命名为"视窗"。

微软视窗及其对界面设计的影响

微软的"视窗"与一位叫苏珊·卡雷的艺术家密切相关，笔者在这里称呼她是艺术家，而非工程师。苏珊·卡雷在1983—1986年曾为苹果公司设计电脑图标（图6-3），被称为"电脑图标之母"，是麦金塔最初版本1.0的开发者之一。她当时的主要工作是改造冰冷的电脑图标，以使电脑显得更加人性化、更易沟通。苹果公司团队在当时是具有前瞻性的，他们已经意识到家用电脑的巨大市场，画家、音乐家、作家及其他具有创造力的潜在用户并不精通也不愿意去学习复杂的指令，更不想花费大量的金钱来购买大型系统，因此，如何将电脑功能简洁直观地呈现给用户成了麦金塔团队的重要考量点。这也正是苏珊·卡雷加入该团队的重要理由，她最终不负众望，为麦金塔设计了很多标志性的图标（图6-4），包括手表、涂刷，以及最被人称道的垃圾桶、Command 键图标等。她还为苹果电脑开机界面设计了一个笑脸，正是这个笑脸彻底打破了电脑出现以来笨重沉闷的气息，也为麦金塔树立了创意十足的前卫形象。这是麦金塔在商业上一战成名的重要原因之一，苹果公司也因此一直致力于创造独特的现代型美感。

在苹果公司期间，苏珊·卡雷还参与了电脑字体的设计工作，New York、Geneva、Chicago、San Francisco（旧版本）、Monaco 等很多专门为屏幕设计的字体都出自她之手（图6-5）。苏珊·卡雷在很多年后回忆起当时的工作时，表示这是一个很好地摆脱没有下行字符的等宽字体的机会。如她设计的 W 字母比其他字母宽5个点，事实上，当时的打印机不能完成如此复杂的字体变化。要获得"高清晰度"的字体，必须放大两倍才能完成，当然，这是苏珊·卡雷尝试很多次后才达到的目标。苏珊·卡雷也在为优化屏幕上字体的可读性

图 6-3　苏珊·卡雷设计的图标作品

图 6-4　苏珊·卡雷和她设计的麦金塔图标

而努力，希望减少字体的锯齿。Adobe公司当时也在优化印刷字体，并尝试设计位图版本，但这并不容易。Chicago是苏珊·卡雷尝试加粗后没有锯齿的系统字体，当时只能做到这步，最终，人们只是增加了一些字母的间隔，并努力使打印机能够输出和屏幕同步的字体。

　　在乔布斯离开苹果公司后，苏珊·卡雷也离开了。但苏珊·卡雷在界面设计方面的工作并没有停止，苹果公司只是她伟大工作历程的第一站。之后苏珊·卡雷带着经验及恒心加入微软视窗的工作团队，并延续了麦金塔的成功。现在有研究者认为，微软视窗对麦金塔的明显模仿不是没有道理的，这与苏珊·卡雷有一定的关系。苏珊·卡雷一直坚持图标应该像红绿灯一样具有简洁明了的指示功能，而不能复杂晦涩，不能想读懂它还需要先学习厚厚的说明书。苏珊·卡雷坚信只有简练的设计才能取得成功，而色彩对于设计来说并不是越多越好，必须从成千上万的颜色中使用那些明亮清晰的主色调。对于图标的设计来说，名词表现起来相对容易，动词则比较困难而不容易通过图形直白地表现。苏珊·卡雷对此颇有心得，她比较重视令人印象深刻的抽象化表达而不是简单地复刻一项功能动作。现在被人们所熟知的生日蛋糕、结婚戒指、玫瑰等多种图标都是苏珊·卡雷设计的，还有微软视窗著

图 6-5　苏珊·卡雷为麦金塔设计的字体

名的接龙纸牌游戏（图6-6）。

　　对于苏珊·卡雷来说，重要的不是自己的工作在未来会产生多大影响，而是着手解决当前的问题。苏珊·卡雷曾说过："幸运的话，人们会理解你要传达的意思。"苏珊·卡雷认为自己在刚加入苹果公司的时候，对电脑设计还一无所知，但艺术家身份帮助她很快地找到了解决问题的方法。苏珊·卡雷在最近的采访中回忆道，在设计屏幕字体的时候，她发现每个字母都要被放进一个 9×7 的点阵里，这样它们看起来会很粗糙。苏珊·卡雷观察了屏幕及其使用的系统字体，认为如果线条只是水平、垂直或呈 45 度角，字体可能会显得更加干净。苏珊·卡雷从艺术的角度改进了电脑只重视技术的发展模式，使电脑变得亲切。

　　微软视窗有了苏珊·卡雷的助力后，成为20世纪90年代个人电脑市场激烈竞争中的幸存者之一。视窗 3.1形成的相对成熟的界面操作系统，是桌面时代的重要代表。这一方面得益于它第一次开始在PC机上预装，而以往都是用户根据自己的需要利用软盘自行安装的；另一方面得益于它在技术及功

图 6-6　微软视窗著名的接龙纸牌游戏

能上的全面创新，虽然还没有彻底摆脱磁盘操作系统的束缚，但它已经成为真正意义上的独立操作系统，并且能够支持256位完整色彩以及多种内存模式。它在可用性上也达到了与苹果麦金塔相媲美的程度，统一的控制面板使窗口更加直观合理，用户对文件的操作也更加轻松，可以在不同文件间进行拖放。这些优势使视窗3.1实现了真正意义上的大范围用户普及。与此同时，视窗 3.0 就已经实现的部分贴心功能在视窗 3.1 中也有很好的延续。比如，通过控制面板允许用户更改桌面背景，用户可自行定义图案或位图；通过双击桌面上的启动任务管理程序，可以切换任务、打开窗口、最小化图标等。微软公司在发布新版本视窗的同时，还推出几十个专门为视窗编写的应用程序，可与视窗兼容的 Word、Excel 等许多实用性极强的第三方应用程序也变得成熟起来。微软公司还专门设计了企业版本，增加了工作组和区域网络的支持，客户机演变为服务器技术，第一次把电脑作为新兴企业不可或缺的一项设备，为微软视窗的未来发展做了很好的铺垫。出众的表现使得视窗 3.1 成功售出数百万套，之后不久出现的视窗 95 更是巩固了微软在图形用户界面领

120

域的领先地位，使得微软视窗直到今天都是世界上最通用的界面程序。

在视窗 95 推出之前，曾出现一个名为视窗 NT（New Technology，新科技）的版本。视窗 NT 放弃之前容易崩溃的内核，换上了一个全新的、更稳定的内核。这一版本是微软视窗和 IBM 合作的结果，完整的名称应该是 OS/2 3.0 或者 OS/NT，但很快两家公司就因发展方向不一致而分道扬镳。视窗 NT 的身份变得非常尴尬，但市场却给出了令人意外的结果，这个版本因为非常适合办公环境而受到企业用户的欢迎。

现在的一些研究认为，微软视窗在 20 世纪 90 年代的成功很大程度上是"面对现实"的结果。在今天看来，当时的微软虽然在设计感上稍显不足，但是考虑到了绝大多数用户的需求。这是历史的选择，是个人电脑普及阶段的必然结果。很难想象，如果没有微软视窗，个人电脑会如何发展，但可以肯定，它不会像今天一样普及。在微软视窗将眼光瞄向更广阔范围内的用户时，苹果电脑依然朝个性创意方向发展，这使它几乎损失了百分之九十的市场份额。但从长远来看，苹果公司的坚持最终为它带来了收益，大家对苹果电脑当下的发展都有目共睹，但在 20 世纪 90 年代，苹果电脑确实是属于"小众"而非"大众"。因为当时电脑追求的不是个性，而是共性，是追求更加快捷简便和价格低廉。

20 世纪 90 年代，苹果公司与微软公司的版权诉讼官司开始了。苹果公司认为微软视窗非法复制了麦金塔界面的"外观和感觉"，但是微软公司认为两者都借用了原来施乐公司的概念。比尔·盖茨说："乔布斯，我想我们都像是施乐的邻居，你先到他家偷他们的电视，但你发现我已经在他家里了。这不公平，这个电视本来就是我要偷的。"这一方面显示了苹果公司当时的颓势，另一方面也显示了施乐公司在图形用户界面发展中至关重要的开拓性作用。

1995 年，微软公司发布视窗 95，这是一个完全以用户需求为导向的操作系统，拥有更为完善的界面，成功奠定了微软公司的市场基础。视窗 95 最大的特点是，利用图形用户界面的布局及"即插即用"的简便功能，之前微软磁盘操作系统以及其他产品被整合在一起，用户可以更

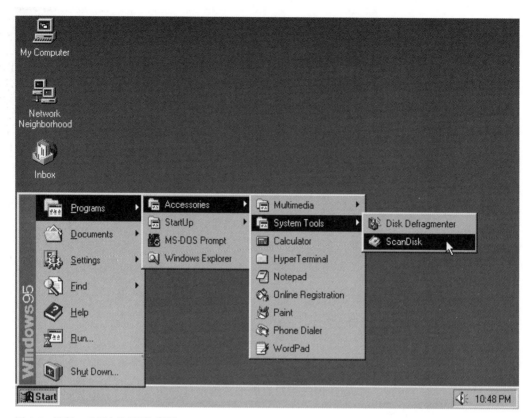

图 6-7　视窗 95 左下方的 "开始菜单"

好地理解和应用它们。视窗 95 提供了全新的图形用户界面，推出 "任务栏"，微软视窗界面的基本布局形成，出现了极具标志性的视窗模式和标准。首先是 "开始菜单"（图6-7），位于任务栏下方左侧，形象突出，简化了启动和访问的功能。在 "开始菜单" 中，用户可以轻松地找到需要的程序或功能，例如 "控制面板"，而不用再满桌面地寻找各种图标，这是一种轻松的归档行为。在突出的位置把一切都放在一起，这是一个值得称赞的想法。它唯一的缺点是不容易自定义或导航，一些用户还会存储一些程序或文档在那里。其次，视窗 95 在任务栏中提供了最小化功能。以往的一些界面也提供有最小化功能，但最小化后往往都淹没于桌面中，不方便再次打开使用。视窗 95 用任务栏轻松地化解了这一难题，最小化后的窗口被放置在任务栏上，用户很容易找到并再次使用。再次，视窗 95 在任务栏的右侧设置了系统托盘，将时间等系统常用应用程序放置在此，用户可以自行定义显示内容。最后，视窗 95 隐藏用户不易理解的部分功能，如树状结构文件夹。

视窗 95 取得了巨大的成功，标志着桌面时代的定型。图形化用户界面的确使电脑功能更加通俗易懂，大企业、大机构构建的"超级用户"逐渐幻灭，个体的普通用户登上历史舞台，成为市场主体。微软视窗建立的任务栏成了界面领域的标配，苹果公司在不久之后也不得不采用这一形式，这极大地增强了微软视窗对自身设计能力的自信，也提升了微软视窗的发展速度，促使微软在世界范围内迅速崛起。

视窗 95 之后，微软公司相继推出视窗 98、视窗 2000、视窗 XP、视窗 7、视窗 8，直至现在的视窗 11。其每一个版本在布局上都会有少许变化，但并没有从根本上挑战用户的接受程度。20 世纪七八十年代出生的人对这些版本应该都不陌生，每一次版本的更新都没有在很长时间内造成用户的困扰，用户总是能很快适应。可以说，微软视窗的普及为世界范围内界面设计的实现贡献了力量。如果没有它，电脑的发展也许还会处于无序的状态，具有规范性和标准性的语言之说就只能是"浮云"。或者说，我们在努力发展的同时不得不面对各种"兼容"的问题。

苹果电脑及其对界面设计的贡献

苹果公司在微软视窗扩张的时候显现颓势，但并不表示它的发展是停滞的。虽然受到微软视窗的挤压，但苹果电脑也是 20 世纪 90 年代电脑界面之争中的幸存者，其界面代表是 Mac OS 8 及 Mac OS 8.5。这两个版本为用户提供了更大的定制空间，人们可以根据自己的喜好设定界面，挑选桌面壁纸，色彩与图像也更加精彩。特别是 Mac OS 8.5，它不但拥有 7 种以上的可管理窗口，还为界面增加了音效，在界面开发领域较早实践了声音与动作的结合。为此，苹果公司专门与音效设计公司合作，一起研究各种界面操作对应的声音。

这些努力未能阻挡微软视窗对它的威胁，苹果公司一度放弃研发，转而对外购买操作系统。他们选择的是NeXTSTEP（图6-8），这是由NeXT公司开发的操作系统，该公司其实就是斯蒂夫·乔布斯1985年离开苹果公司后创立的。一开始NeXTSTEP只能在NeXT计算机上执行，后来运行平台变大，不限于摩托罗拉68000家族，也可以在IBM PC x86等平台上运行。NeXTSTEP被苹果公司选中后，在1997年被并购，成为Mac OS X的基础。

NeXTSTEP为Mac OS的界面设计带来了改变，半透明菜单、果冻按键与阴影效果开始出现，但苹果内部对此并非完全认同，有相当一部分人认为这无法从根本上改变被动局面。事实上，苹果公司在乔布斯离开的那段时间里，无力延续麦金塔树立的前卫形象，又回到工程技术导向，直到乔布斯重掌苹果公司，状况才得以扭转。我们可以从苹果公司当时的广告口号"Think Different"中看到，虽然苹果公司在短时间内还无法与微软视窗抗衡，但却为未来打开了一扇大门。

对于Mac OS的界面设计，乔布斯显然非常不满，这加快了Mac OS X的出现。与以往相比，Mac OS X更倾向用户体验。开发者在技术开发前会首先考虑普通市场用户，而不是专业用户的需求。这在当时是比较困难的，独特的麦金塔为苹果电脑积累了不少专业型用户，即精英型用户，他们对普通用户的需求往往不够敏感。为此，Mac OS X的开发团队要顶住巨大的压力。当时风行一时的视窗95界面在外观上棱角分明，线条横平竖直，不过视觉层次并不丰富，用户输入的信息在界面上往往不太突出。苹果公司决定针对这点进行改造。如果我们回忆一下最初接触的苹果电脑，会想到漂亮的半透明外壳与像糖果一样的鼠标，其界面也有着完美的半透明质感。这些特点增强了界面窗口的视觉层次感，引导了窗口叠加的主次感。这就是设计师等一些站在时尚前端的人最先使用苹果电脑的重要原因。

Mac OS X界面还为用户找到了一些更为便捷的操作方式。例如，在Finder

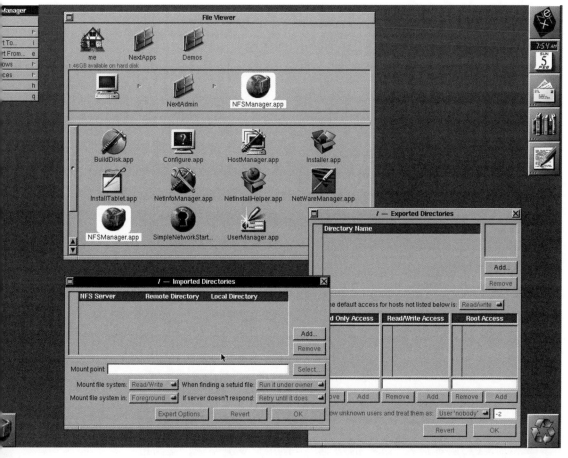

图 6-8　NeXTSTEP 界面设计及其网络工具的图标

工具栏中增加"Column View"功能，使用户可以在同一窗口下进行分级浏览，从而减少因不断打开各种窗口造成的疲劳感及焦躁的情绪。从这一角度说，苹果公司对于电脑发展的贡献是显著的，电脑自产生之日发展至此，从庞然大物到台式再到笔记本式，终于在Mac OS X界面这里彻底变成了一件工具，用户可以轻松地面对它。

　　Mac OS X还有一个很贴心的改动。以往，用户退出光盘的时候，需要将光盘拖拽至垃圾桶，这常令人感到不是"退出"，而是"丢掉"。 Mac OS X对此进行了更改，当用户需要"退出"时，界面图标会自动识别并改变显示。在Mac OS X中，窗口的叠加也不再只是形式上的，而具有实际意义，无论是叠在哪一层，只要被点选，都会立刻跳转。

屏幕是有边界的，如何在有限的边界内增加可看的内容，这也是Mac OS X界面设计的一个着力点。不断的跳转会花费用户大量的时间，往往刚刚跳转过去用户就忘记了查看的内容。如果图标能不断缩小，那么就能大大增加内容空间。但为了防止出现太小以至无法辨识这个问题，Mac OS X进行了特别的设置——当光标游动时，其影响区域内的图标，就像放大镜一样可以自动变大。

Mac OS X界面的主题是"水（Aqua）"，模拟水的质感，希望用户感受到水的流动和速度，这是一个颇具想象力的尝试。界面上，原有的32像素×32像素和48像素×48像素的图标被更大的128像素×128像素的半透明图标取代。类似任务栏的程序坞（Dock）也位于界面的下方，可以放置常用程序图标，并会在鼠标经过时显示程序名称。当桌面窗口最小化后，也会被收入程序坞，但不是以程序图标的形式，而是程序运行状态下窗口的缩略图。Aqua界面（图6-9）特点最鲜明的"渐变""背景样式""动画"以及"透明度"，给用户带来了新鲜愉悦的体验。在双倍内存支持下的窗口，"等待"动画也帮助这一界面拥有更为细腻的视觉效果。

Mac OS X 10.3版本加入 Exposé 的功能，方便用户观览全局，提高用户在众多已开窗口中找寻目标的可能性。Mac OS X 10.4版本加入了仪表板（Dashboard），这是一个虚拟的替代桌面，可提供一些迷你的程序图标，方便用户搜索，类似后来平板电脑、手机上的APP。

苹果公司对界面设计的贡献是有目共睹的，它的坚持造就了今日界面设计的丰富性。1995年，苹果公司发布了一份《人机界面指南》（图6-10），约定了程序开发人员以及用户使用界面的不同方法，介绍了麦金塔应用程序的设计过程：如何正确地为菜单命令命名，如何设立键盘快捷键，如何使用图标，如何重视界面布局，如何使用对话框，如何提供视觉反馈，等等。

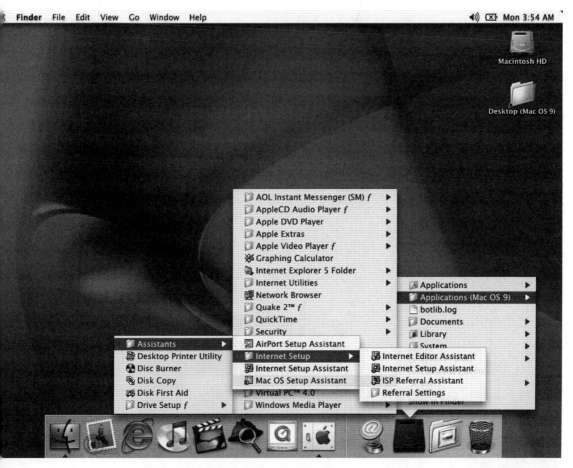

图 6-9　Mac OS X Aqua 风格的界面

在当时来看，这是一部专为软件工程师准备的书，但在今天来看，这是一部告诉设计师如何做好界面设计的书。

图 6–10 《人机界面指南》封面，1995 年

第七章

从"怕看不见"到"怕被看得见"
——界面设计的发展趋势

从"怕看不见"到"怕被看得见",这个过程其实反映的是用户能力的提升。"整体之美"已经成为当代界面设计最重要的原则,曾经的设计原则拟物、隐喻等已变得不那么重要。设计从来不是孤立的存在,所有的设计都是在各种约束下解决问题。未来能做出好的界面设计的人应该是跨领域人才,不仅要知道技术的发展程度和实现的底线,还要了解用户的需求,且要有能力为用户提供更多。笔者认为,界面设计未来的发展应遵循四个原则。首先是"更简单直接",设计师要尽可能地使更多的用户感受到科技的便捷;其次是"更安全,回馈更清晰",用户不用担心数据的外泄、丢失,减少用户在使用界面时的意外发生率;再次是"更干净的环境",用户可以专心于界面操作而不被无关的事件打扰;最后是"界面和内容更加协调",用户应感觉不到界面的存在而更好地使用其中的内容,这是界面设计的较高境界。笔者认为在可见的范围内,屏幕技术会朝着材质革命、显示方式、操作方式变革三个方向并行发展。最终,屏幕无处不在,作为实体的屏幕消亡,走向虚拟现实。作为屏幕技术的衍生品，图形用户界面在屏幕实体消亡之前，仍然会依靠屏幕技术的发展，只是重点会有所偏移——从"桌面"走向内容。在屏幕实体消亡之后，由屏幕引发的边界问题在一段时间内还不会消失，但界面设计的视觉语言方式会发生改变，这取决于人们是否能够找到另一种连接现实与虚拟世界的可能，例如声控、手势、人脸识别、动作捕捉等。屏幕和界面设计的发展走的是一条融合、兼并的道路，在这条道路上，物与物的边界、传统产业的边界、地域间的差异感和滞后感、人与虚拟世界的边界都会消失。这些壁垒的打破和界限的消失，将使我们的生活变得更加便捷。设计师则是沿着这条道路，利用界面使更广泛的用户受益，真正实现科技面前人人平等。

回溯桌面时代界面设计中滚动条的发展，我们会发现存在一个简化的过程，但这一变化并不只是出于视觉感官上的审美角度。笔者将这个过程称为从"怕看不见"到"怕被看得见"（图7-1）。1981年施乐STAR工作站时代的很多用户并不知道屏幕世界是可以无限滚动的，在观看电视的时代，用户只负责接收屏幕里发出的信号。但如果人们在电脑面前不给予指令，它是没有任何反应的。滚动条是界面设计史中最重要的突破之一，为了使用户理解并使用这个功能，其视觉形象的设计原则就是"怕用户看不见"，滚动条上有箭头标示滚动方向是从下往上推，而页面则从上往下移。但1983年苹果丽莎界面语言中的滚动条设计发生了改变，在直观、清晰的原则的引导下，滚动条往上就是页面往前，往下就是页面往后。2007年，在iPhone的iOS界面设计中，滚动条上的箭头也被取消了。随着电脑的普及，在界面设计的长期影响下，不用过多解释，用户就能知道屏幕是可以滚动的。于是滚动条的提示功能减弱了，其视觉形象慢慢隐退，而只提示目前滚动的位置。

目前，台式机、笔记本、掌上电脑并存，它们不仅可以帮助你工作、学习、娱乐，甚至还可以在生活中随时随地帮助你。人们不用担心电脑尺寸的改变会带来使用方法的差异，无论哪种类型都运作着相似的界面与相同的应用程序。

仔细观察一下我们的生活，你会发现，我们几乎到了离开电脑（手机）

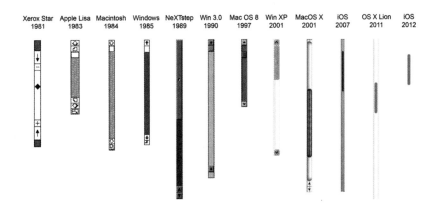

图 7-1　从"怕看不见"到"怕被看得见"

什么事都做不成的时代，比如订票、预约、文件传输、远距离沟通甚至付款。工作的地点已经变得不是特别重要，只要有电脑和网络，我们可以随时随地工作，与家人、朋友、客户的联络变得更加自由，成本也变得更低。传统的通信行业受到冲击，固话市场萎缩，路面电话亭逐渐消失；钱包几乎成了卡袋，现金越来越少，因为手机支付越来越方便；影视剧不再分晨间剧、晚间剧、周末剧，因为人们随时随地可以观看；书包里不用再放好几个小型设备，比如相机、翻译机、商务通、计算器，一部手机几乎可以搞定所有事情。

电脑让我们的生活变得与众不同，但又是什么将这些看似无序的生活需求整合起来？是屏幕，是界面设计。屏幕营造的界面就好像是万能口袋，将人们的生活需求容纳并整合在同一平台。这个过程还在继续，屏幕界面的融合能力远远没有达到极限。

事实上，笔记本电脑与台式机的发展几乎是齐头并进的。笔记本电脑的屏幕与台式机的屏幕并没有差别，差别主要体现在其他技术层面。笔记本电脑的重要性在于它可以随身携带。麦克卢汉认为电脑是一个全新的媒体，它的广泛应用将改变整个人类的思维方式。笔记本电脑具有私密性，这是个人电脑所需要的。Note Taker是1976年与ALTO同期开发的便携式电脑，大小类似于小行李箱，有一个很小的屏幕。1981年出现的奥斯本（Osborne）是早期最知名的一款便携式电脑，在外形上类似工具箱。几年后，GRID Compass及Compaq Portable出现，界面功能基本齐全，这些便携式电脑引发了市场热潮。

便携式电脑一方面沿着自己的发展道路，走向了今天的笔记本电脑，另一方面加速了掌上电脑的出现，促进了尺寸更小的屏幕界面的发展。这和屏幕技术的进步有密切的关系，随着发光二级管等显示屏的出现，屏幕的尺寸变得更加灵活。

不需要思考如何操作的界面

其实，"掌上电脑"概念的发端并不是要创造"更小的电脑"，而是要探索"手写电脑"。画板（SketchPad）就是一款手写电脑，于1963年由美国计算机科学家以及互联网先驱伊凡·苏泽兰发明（图7-2）。这款电脑可以通过一只特制的笔，直接在电脑屏幕上画出一些特定线条或图形——弧线、折线、长方形、圆形等。虽然画板没能实现像在纸上一样随意作画，但这无疑是一个从无到有的飞跃。笔者认为，画板初步解决了手写输入问题，应该算作掌上电脑的鼻祖。只有手写输入出现了，人们才会将屏幕想象成纸张。画板使用的已经是一种触屏式交互技术了，不过这种触屏技术在21世纪才逐渐进入普通家庭，因为在当时还没有与之配套的灵活多变的屏幕技术及应用软件。

伊凡·苏泽兰因发明画板获得了1988年的图灵奖。值得注意的是，在发明画板二十余年后苏泽兰才获得了计算机技术领域的这个最高奖项。这说明画板的重要性在20世纪80年代末才得以凸显，当时正是屏幕技术发展的黄金时代，更是界面设计发展的黄金时代。在技术掌握充分后，画板为众多电脑开发者提供了新的思路，用笔输入的画板是现代掌上电脑的雏形，只不过这支笔现在被手指取代了。它的出现改写了人类与屏幕的交互关系,此前人类只能通过第三方介入的方式与屏幕沟通。它为人类和屏幕提供了"触碰"式的交互关系,这种新的关系将引领人类朝着更为自由广阔的智能时代前进。

伊凡·苏泽兰发明画板是希望用户和计算机可以有更好的沟通,沟通速度也能够得到明显提升。"碰触—反应"式的沟通非常直接,画板的输入不需要任何文本描述,只需要直接画线和创建几何图形就可以完成。遗憾的是,当时的画板还不能完成文本输入。它使用的"光笔"(Light Pen)是一种光敏输入装置,允许用户直接在阴极射线管屏幕上操作并获得直接回应,但这种装置还没有灵敏到可以表现更多有细节的东西,例如字以及复杂的图

图 7-2　画板及其发明者伊凡·苏泽兰,1963 年

形，更不能完全操控输入内容的大小。不过，这是一个很好的开端。20世纪80年代末期，在屏幕技术以及界面发展的刺激下，画板重新受到重视，甚至出现了与之匹配的新名词——"笔计算"（Pen Computing）。

Smalltalk是与屏幕技术发展和界面设计发展密切相关的一种计算机程序，它的出现使计算机编程更加轻便、快速，为创建图形用户界面语言模式提供了最大可能。作为Smalltalk的发明者之一，艾伦·凯为便携式电脑的构想做出了直接而且巨大的贡献，被称为"便携式电脑之父"，同时，他还是现代视窗图形用户界面的最初尝试者。

在智能手机、平板电脑盛行的今天，很多人可能还不了解，正是艾伦·凯最早进行了将电脑做成小型Dynabook的大胆设想（图7-3）。他认为这是一款专为儿童设计的电脑。当时人们认为，作为一种社会工具，电脑就像汽车一样，人们必须在一定年纪通过特定学习才能使用。艾伦·凯认为想要改变这种状况，就必须让电脑变成一个简单的"媒体"，一种即使是孩子都可以使用的东西。改变的方式就是开发一种私人的像书及笔记本一样大的Dynabook。这本"书"只是当时的一个设想，并未获得支持开发，因为在当时的技术环境下，这个设想太虚无缥缈了。但这个发生在1972年施乐公司帕洛阿图研究中心的设想与现在的iPad概念有着惊人的相似性。艾伦·凯在对Dynabook的描述中已经出现了"便携式电脑"以及"电子书"的概念，甚至还提到了高速网络以及虚拟键盘。艾伦·凯就像是一个来自未来的人，他预测在20世纪90年代，市场上将会有上百台大小就像笔记本的个人电脑，这些电脑有着高分辨率、平面反射式屏幕和极轻的重量，计算与存储能力大约是ALTO的数十倍。事实证明，电脑未来的发展远比他预测的迅猛。

从台式机发展到掌上电脑，大约经过了三十年，期间有技术的发展，也有用户的期待和适应。图形化用户界面在这一过程中扮演着重要角色，正是它的普及加剧了用户对掌上型移动智能终端的渴求。1976年，艾伦·凯在完成Smalltalk后，心知Dynabook很难在短时间内诞生，于是把精力转移到新的项目上——一台公文箱尺寸的电脑Notetaker。Notetaker的出现刺激了便携式电脑的发展，GRiD Compass（图7-4）很快也出现了。作为一台发展已经相对成

图 7-3 艾伦·凯和他设想的 Dynabook

熟的便携式电脑，GRiD Compass 的研发团队中出现了一位对平板电脑发展至关重要的人物——杰夫·霍金斯，正是他创建了 Palm 和 Handspring，对 "PDA（Personal Digital Assistant，个人电子助手）"的发展有着直接的影响。PDA 一词来源于 1987 年苹果公司预测未来人工智能影响世界的一部纪录片。

20 世纪 80 年代末至 90 年代初，在 Palm 出现之前，市面上开始出现一些平板电脑的雏形，GRIDpad、Workslate、Momenta、Go、Casio Zoomer、Sony Magic，以及苹果的一款 Apple Newton。这些平板都采用了笔输式交互方式，但大都定位不清、价格高昂，虽然硬件很精致，但功能跟不上，最重要的是用户界面设计不佳，因此在市场上都以失败告终。

开发过 GRiD Compass 以及 GRIDpad 的杰夫·霍金斯认为，台式机作为个

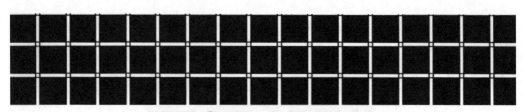

THE GRiD COMPASS.
THIS IS WHAT HIGH PERFORMANCE
REALLY MEANS.

GRiD computers have up to 1.4 million characters of internal memory capacity—or over 500 typed pages!

GRiD computers can do many calculations as fast as minicomputers. Only GRiD offers two central processors: a 16-bit Intel 8086 that's compatible with IBM-PC software, and a special high speed 8087 numeric and graphics processor.

GRiD's high contrast light-emitting EL screen can be viewed from any angle and under any lighting conditions.

With our new large 8½" EL screen, you can display 25 lines and up to 128 characters across, all at once.

GRiD computers have the unique capacity to hold up to 512K of user installable ROM cartridges with standard or customized software.

GRiD computers weigh just 10 pounds and fit nicely into a briefcase. Yet they're *more powerful* than most desktop computers.

GRiD is the most rugged portable computer on the market. Its solid state electronics and magnesium case can withstand impacts of up to 160 G's!

GRiD uses reliable bubble memory that acts like a built-in electronic disk drive.

With GRiD's built-in high speed 1200 baud modem, you can send data over ordinary phone lines. And you can do it *four times faster* than with other portables!

GRiD Server connects both GRiD computers and IBM-PC's in a local and remote area network. Up to 58 users can communicate simultaneously, from any location.

GRiD supports MS-DOS and over 100 of the most popular IBM-PC programs.

There are over 17 GRiD software programs to choose from. They all work together and are extremely easy to use.

Specifications

PORTABLE COMPUTER FAMILY:
9 models available
Easy to read light emitting EL screen
Up to 512K RAM
384K of non-volatile bubble memory
Up to 512K of user-installable ROM cartridges
High speed 300/1200 baud modem
Rugged magnesium case
Weighs 10 pounds

SOFTWARE:
17 Easy to learn Integrated Software Packages
Extensive communications software, including DEC VT100, IBM 3101 and TTY terminal emulators
Complete program development environment with 5 languages

MS-DOS operating system and over 100 popular IBM-PC programs
Electronic software distribution

PERIPHERALS:
Portable IBM-PC format floppy disk drive
10Mb Hard Disk System with floppy disk drive
GRiDCentral high capacity data storage via phone line
Plotters, dot-matrix, ink-jet, and letter quality printers

GRiD SERVER:
Supports up to 58 GRiD computers and IBM-PC's
Share files and peripherals in or out of the office
Access via phone or twisted pair cable
10 and 40 megabyte disk drives

TRAINING, SERVICE, AND SUPPORT:
Management Tools Software Workshops
Program Development Training
On-Site Applications Consulting
Computers available for loan during repairs
10 hour a day telephone assistance

For more information call 800-222-GRiD

GRiD Systems Corporation
2535 Garcia Avenue
Mountain View, CA 94043
(415) 961-4800

Sales Offices: New York, Chicago, Los Angeles, Washington D.C., San Francisco, Dallas, Houston, Atlanta, Boston, Philadelphia, Paris, London, Ontario. Distributors worldwide.

图 7-4　GRiD Compass 便携式电脑

136

人电脑依然太大、太复杂、太费电了，未来人人需要的电脑应该是微小型电子装置，可以被放置在皮包或口袋中。在20世纪90年代初，杰夫·霍金斯对电脑技术以及用户需求都有着清楚的了解。1992年，他成立了一个专门开发掌上电脑的Palm Computing公司。Palm一词的引申含义是手掌，从公司名称"Palm Computing"上，我们可以清楚地看到杰夫·霍金斯的野心，他要做的就是开发一种可以替代台式机的电脑（图7-5）。在对市场上的失败机型进行详细的分析后，杰夫·霍金斯将Palm的重点放在尺寸、价格、同步化以及速度上，而界面就是将这四项连接在一起的关键。台式机的用户与电脑至少有60厘米的观看距离，而对于掌上设备来说，观看距离大大减少，界面调整势在必行。同时，设备变小后，怎样使用户习惯新的输入方式，并不会给用户造成困扰，也是对掌上电脑界面设计的一个新挑战。Palm是掌上电脑发展以来在界面设计史上第一个成功的案例。其图形用户界面以图标快速联机为主导，并将用户最常用的功能放在最显著的位置。为了避免因按键小且多而造成错误操作，Palm还尽量减少了硬件上的按键数量，转而使用一套虚拟的键盘通过手写笔输入，并很快实现了以手指代替手写笔。

　　无论是手写笔还是手指，对用户来说，输入都是直接而便利的，但是对设备来说，却不得不面临一个问题，那就是"识别"。为此，Palm设计了一套手写输入规则"涂鸦（Graffiti）"（图7-6），这套规则为用户规定了最易被电脑识别的字母写法。虽然前期经过了缜密的用户研究和开发过程，但遗憾的是，"涂鸦"依然令部分用户感到无所适从，毕竟每个人写字的规律很难做到一而概之。在今天看来，对字母体系语言来说，"涂鸦"具有一定建设性，但对于笔画体系语言来说，设定一套写字方法几乎不可实现。"识别"难题以及"涂鸦"的局限推迟了平板电脑书写时代的来临。在相当长一段时间内，掌上触摸屏电脑，如后来的黑莓以及Palm的演进版本Treo，还是以全键盘以及滚轮或手轮的方式输入和导航。

　　"导航"，描述的是引导对象从航线的出发点到目的地的过程。对于掌上电脑，"导航"是最有效也是最简便的方式。向左、向右、向前、向后，或者进行点选，Palm使用了与桌面系统完全不同的用户交互习惯。两者虽有显著

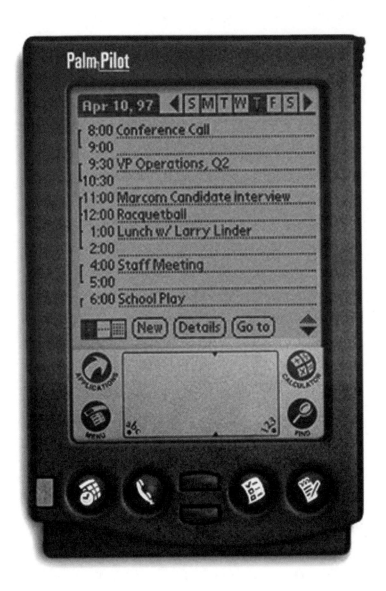

图 7-5 Palm Pilot

图 7-6 手写输入规则
"（涂鸦）Graffiti"

差异，但这并不妨碍用户的理解，反而更容易被用户接受，很大程度上是因为这样的方式与用户的某种心理体验相似。Palm 的图形用户界面与桌面的差异，除了"导航"这种交互模式外，还体现在菜单特性、阅读感受、文本输入设备、主动控制、可访问性等方面。在手写时代到来之前，Palm 为掌上电脑的发展找到了解决问题的一种可能性。

Palm 还有一个很有特点的界面设置，那就是命令快捷键（Command Shortcuts）以及一些"涂鸦"的特殊组合。它们可以使用户绕过菜单，快速执行命令。这一功能模拟的是桌面系统的快捷键，但不同的是，桌面系统的快捷键只针对部分重要功能，而 Palm OS 却几乎为所有的操作命令设置了快捷键。这样做一方面提高了熟练用户的效率，但另一方面却迫使用户记更多的内容。

显示空间的限制，是 Palm 遇到的另一个难题。在 Palm OS 中，屏幕大小只有 160 像素 × 160 像素，要想在有限的空间内做出简洁、功能完善且可用的应用程序，垂直滚动是一个不错的选择。虽然并不完美，但设计从来不是信马由缰，好的设计往往是各种限制下的最优妥协。在 Palm 上，我们可以看到，界面设计损失了一些清晰度及可用性，为的就是迁就显示空间的不足。例如，屏幕上有一些虚拟按钮，按钮标签上的文字往往比按钮还要长。

从 WIMP 到 FIMS

20世纪90年代以来，微软视窗的扩张使苹果公司倍感压力，但情况在21世纪初有了转机。2007年1月，史蒂夫·乔布斯在苹果公司大会（MacWorld）上发布了 iPhone，宣告智能手机的图形用户界面时代正式到来。在发布 iPhone 之前，苹果公司曾宣称 iPhone 运行的是和 Mac OS X 相同的 UNIX 核心，因此它会有许多和 Mac OS X 界面相同的工具。虽然部分工具具有相同元素，但 iPhone 并没有使用与 Mac OS X 相同的系统。苹果公司之前的声明表明，iPhone 团队曾经一直想要依靠原有成型的界面系统，最终放弃的原因颇有意味。苹果公司对此并没有做官方的解释，笔者认为，问题的症结在于屏幕。从桌上到掌上，屏幕的尺寸改变了，屏幕和人的互动必须有与此相适应的方式。iPhone 系统最初被称为"iPhone OS"，2010年发布第四版本的时候，正式更名为"iOS"。

笔者认为，智能手机普及下的界面设计已经发生了改变，屏幕的观看方式和操作方式的转换即时地改变了界面设计的原则。WIMP 中的光标（P）在智能手机中已经彻底消失；窗口（W）的设计语言也变得非常模糊，甚至消失，取而代之的是用户的手指（F）（图7-7）。用户的手指成为和屏幕交互的最重要的元素，窗口也被屏幕本身的大小所取代，用户不再考虑不同窗口的内容，而只需关注当前屏幕正在进行的内容。

在苹果公司推出 iPhone 的时候，掌上电脑的界面设计还处在功能为上的时代。Windows Mobile、Palm OS、Symbian 甚至黑莓都开始抢占掌上电脑的市场，并几乎都在2007年前后建立了自己的操作系统，拥有稳定而广大的用户群，iPhone 开始远远落后于当时的竞争对手。与这些竞争对手相比，最初的 iPhone 不支持3G，不支持多任务，甚至不支持第三方应用程序，用户还不能复制或

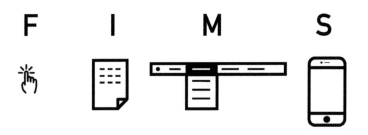

图 7-7　从 WIMP 走向 FIMS

粘贴文本以及为电子邮件添加附件。它还没有一个可定制的主屏幕，不支持任何绑定。同时，用户无法看到系统文件，没有 Office 应用，不支持语音拨号。它将黑客拒之门外的同时，也将众多程序开发者挡在了门外，这似乎不太明智。人们不禁要问，苹果公司到底要做什么？

很快，人们就有了答案。虽然 iPhone 缺失了一些功能，但苹果公司却大大丰富了用户体验并创造了一些其他品牌的掌上电脑无法企及的新功能，其中三种对未来手机的发展有着革命性意义。首先，iOS 核心的用户界面视觉语言模式为未来手机创建了新的用户交互模型。在 iPhone 发布之前，智能手机大都没有手触式屏，只有电阻式触摸屏，需要使用手写笔，而 iPhone 的屏幕大胆地使用了电容式触摸屏。利用这一技术优势，苹果公司创造了一系列新的用户交互体验，较以往更加简便、强大。它几乎去掉了所有多余的物理性按键，只在屏幕侧面留下 5 个按键，分别是一个 Home 键、一对音量键、一个总开关和一个静音键。在屏幕正面，苹果公司率先开启了以触控为主的互动模式，用户可以凭借近乎完美的"捏拉缩放"和"惯性滚动"操控屏幕，使应用程序运行更自然、更即时。这是伟大的一步，苹果公司创造性地颠覆了人们对机器的观感，使体验更接近于儿童。我们知道，儿童在最初认识世界的时候，碰触所带来的直接反应通常会令他们很有成就感，并获得"继续"的鼓励。

其次，Safari 移动网络浏览器为用户提供了无与伦比的网站浏览体验。这个浏览器被加入了全新的手势功能。作为一款不支持Flash插件的网络浏览器，Safari的功能几乎与一个完整的桌面浏览器一样强大。当其他移动网络浏览器只能观看网站，并经常因各种内存的问题而需要重启或格式化时，Safari通过简单的缩放和滚动就已经几乎为用户解决了所有恼人的问题。

再次，是"宽屏"iPod。苹果将自身另两款产品iTunes和iPod融入iPhone，建立了一个新的生活生态圈。音乐、电影、电视、书籍、游戏和应用程序通过屏幕整合在一起，既构成一个体系，又相对独立。屏幕的融合力被极大地发掘了，具有综合性的iOS成为iPhone的杀手锏，它使iPhone的特点如此清晰，以至于用户只要看一眼就会被吸引。

前文提到，1995年，苹果公司曾经发布一份很厚的《人机界面指南》。在更新iOS系统时，苹果公司对这份指南进行了修订。通过修订的内容，我们可以看到人机界面设计二十年间的发展与变化。1995年确立的人机界面原则（Human Interface Principles），为用户指出了苹果公司未来人机交互的发展方向。这里的用户主要指的是当时的程序开发人员和界面设计师。这个原则共有11个部分，分别是隐喻（Metaphors）、直接操作（Direct Manipulation）、可见即可点（See-and-Point）、一致性（Consistency）、所见即所得（WYSIWYG [What You See Is What You Get]）、用户控制（User Control）、反馈与对话（Feedback and Dialog）、容错性（Forgiveness）、感知稳定性（Perceived Stability）、整体之美（Aesthetic Integrity）以及无模式化（Modelessness）。

iPhone诞生后，苹果公司一跃进入iOS时代，原有的原则已经不能完全支持人机界面设计的未来发展了。因此，苹果公司于2008年开始进行渐进式调整，原则中的"容错性""感知稳定性""无模式化"等被废除，新增了"显式操作和隐式操作（Explicit and Implied Actions）"。不久，在iOS 4发布之后，"可见即可点"也从这一原则中消失。原则中各条目的主次也发生了显著变化，在2015年发布的原则列表中，"整体之美"已高居榜首，而"隐喻"和"用户控制"则列末尾。

"隐喻"是虚拟世界对现实世界的映射，典型例子是文件夹在真实世界人们用文件夹放置东西，因而在计算机中把文件放入文件夹，就能迅速地被理解。"用户控制"是指给予用户足够的权限，但同时帮助用户避免危险。足够的权限可以帮助用户更好地熟悉、理解和记忆，但这不能以毁灭性为代价，当有错误及危险性操作时，用户有机会停止并回到某一特定阶段是非常重要的。

笔者认为，通过这样的改变，界面设计已经从技术、功能转向了提供更高品质体验的理念，从引导、建构、鼓励用户使用的模式转向了提升用户自觉使用的模式，从人机界面的交互性转向了人机内容的交互性。那些在原则列表中消失的条目并不是真的没有用了，只是随着用户能力的提升，已经变得微不足道了。

对于现今广大的电脑或手机用户来说，重要的不是提示功能，而是"可看""可用"的内容，以及与这些内容的交互。在iOS 9中，我们很容易看到这样的改变。"遵从（Deference）"原则显示UI应该有助于用户更好地理解内容并与之交互，不会分散用户对内容本身的注意力。"清晰（Clarity）"原则要求各种尺寸的文字必须清晰易读，图标应该精确醒目，并去除多余的修饰，突出重点，以内容性功能驱动设计。"深度（Depth）"原则鼓励视觉的层次感以及生动的交互动画，这些会赋予UI新的活力，有助于用户更好地理解并提升在使用过程中的愉悦感。

在iOS下，界面设计是受限制的，这个限制为iOS所需的技术和行为带来可能性。这个可能性使界面设计师的工作演化成了各种各样的应用程序界面设计。应用程序的界面视觉语言既会影响到程序的后台执行，又会影响到用户的行为，甚至影响到程序的内容。iOS为每个应用提供了统一的平台，使它们既能突出核心功能、体现关联，又同时能给用户带来直接的、细节的体验及具有合理修饰性的观感。驱动应用设计的点在于内容和功能，而不在于先例及事先的各种假设。"整体之美"并不是简单地指应用界面有多漂亮，而是指应用的外观和功能是否完美地契合。用来处理实际工作的应用通常会简化装饰性的UI元素，重点放在任务本身。如果不考虑内容，而一味地提供古怪、花哨的界面，就会造成用户因无法理解而产生不快情绪。界面语言模式上的"一致性"是要确保用户能借鉴先前使用的相关知识和经验，充分利用规范化和模式化带来的体验优势。"直接操作"允许用户直接操作屏幕中的物体，不再需要通过第三方控件完成操作。这一点对用户专注于任务本身来说是非常重要的，也更容易帮助用户理解及想象操作的结果。屏幕的多点触摸技术让用户真正体验到了直接操作的便利。通过手势操作的方式抛弃了鼠标、键盘等中间媒介，让用户对界面有了更多的亲近感以及控制感。"反馈与对话"是对用户操作的回应，使用户确信自己的请求正在被处理。用户希望操作控件时能即时接收反馈，如果操作过程比较久，需要不断显示操作的进展。

现在的界面设计已经把人和机器拉到非常接近的距离，机器会按照人类的希望做出回应，这也是人类不断推动技术革新及界面开发的目的。在这一条件下，界面设计的工作变得更加复杂、更加广泛，一些高端用户会有更多的要求，以满足他们源源不断的生活需求。这些需求可能并不是新出现的，反而是随着现有应用程序所带来的便利衍生的。在很多情况下用户对内容没有太多指责，反而会苛刻于内容是如何呈现的。iPhone 为苹果公司的发展带来了重要转机，极大地扩展了其市场份额。在某些地区的某些特定人群中，例如中国大型城市的一些白领，甚至出现"同机"的局面。在重个性的时代，出现对某一商品趋之若鹜的追捧，很能够说明它所具有的优势及价值。从这一角度来说，iPhone 的界面设计是非常成功的，但在世界范围内，iPhone 的市场份额还没有逆转战局。iOS 的一大特点，也是一个掣肘处在于它的功能和界面语言与 iPhone 是绑定的，与其他设备不具有兼容性。而它的主要对手安卓（Android）则以非凡的兼容性称霸全球智能手机市场，市场占有率达 80% 以上。

安卓是谷歌收购的诸多项目中的一个，被称为"安卓之父"的安迪·罗宾最初只想做一个数码相机的操作系统。2005 年，谷歌以五千万美元的价格收购了名不见经传的安卓。在 iPhone 出现之前，安卓的境地一直非常尴尬。直到乔布斯的 iPhone 为手机引入全新的理念和无比友好的界面视觉语言，确立了智能手机的发展前景，谷歌才意识到智能手机隐含的重要机遇。很快，谷歌从自己的众多项目中找出了安卓，以免费提供安卓操作系统为诱饵，联合手机生产商对抗苹果公司。苹果公司系统的封闭性使得全球大部分的手机生产商根本无法接入，在无法放弃智能手机的情况下，他们最终选择了使用安卓系统。

具体来说，安卓操作系统是由谷歌和开放手持设备联盟OHA（Open Handset Alliance）共同开发的移动设备操作系统。这个联盟由全球34家手机制造商、软件开发商、电信运营商以及芯片制造商组成。最早的版本安卓1.0发布于2007年11月，比苹果公司晚了十个月。最初，安卓只是在iPhone身后亦步亦趋。相对于iPhone漂亮又严谨的界面设计，安卓的格调显得很低，其应用商店设在谷歌，收益远远低于苹果公司的应用商店。但是，三星的S系列手机改变了这一局面。对于安卓来说，它的缺陷在于对移动手机的优化不足，因此在相同硬件条件下，难以达到iPhone的流畅度。三星S系列手机利用超高的硬件配置完全弥补了这一缺陷，超大屏的设计更是锦上添花，迅速提升了安卓的市场占有率。为了应对三星S系列手机的挑战，iPhone迅速推出了Plus系列，但依然无法逆转市场风向。

苹果公司无法以技术创新拉开距离，转而动用专利武器对安卓和三星提起诉讼，然而乔布斯手中的两百多项专利并没能真正击败安卓。通过一些小的改动，比如将横向滑动的解锁改为不定向的滑动，安卓轻而易举地避开专利陷阱，反而帮助三星通过诉讼，提高了在美国市场的知名度。对于安卓的巨大成功，谷歌并没有占到最大的便宜，这种成功是它始料未及的。为了防止三星一家独大，谷歌调整战略，花大价钱收购了摩托罗拉，以打造自己的硬件生产线。

相对于iOS标准化的界面设计，安卓在很长时间内停留在功能和应用的开发上，其图形用户界面由各手机生产商自行完成，因此，我们会看到不同手机拥有不同的界面设计模式，但行为模式大都模仿iOS。2014年，谷歌发布了原质化设计（Material Design）的语言文档，给安卓的开发者和设计师确立了方向。这个类似于苹果《人机界面指南》的原质化设计文档在内容上具有自己的特点。从目标上来看，原质化设计旨在为手机、平板电脑、台式机和其他平台提供更一致的外观和使用感受。谷歌建立的是一个较为宽泛的框架，而不是一个统一的平台，只包括三个设计原则，分别是

"隐喻""鲜明·形象·深思熟虑"以及"有意义的动画效果"。"隐喻"是指通过构建系统化的动效和空间的合理利用，达到"实体隐喻"，与众不同的触感是实体的基础，这一灵感来自对纸墨的研究。安卓的这一原则是有前瞻性的，随着科技的进步，将会有很大的应用前景。模拟实体的表面以及边缘能够提供基于真实效果的视觉体验，熟悉的触感可以促使用户快速地理解和认知。实体的多样性也会提供更多丰富而有现实意义的设计效果，同时，模拟光效、表面质感、运动感可以更好地解释物体之间的交合关系、空间关系以及运动的轨迹。"鲜明·形象·深思熟虑"是指在基本元素的处理上借鉴传统的印刷设计，如排版、网格、空间、比例、配色、图像使用等。这些基础的平面设计规范在愉悦用户以及构建视觉层级、视觉意义、视觉聚焦方面具有直接的经验可循。通过精心选择色彩、图像以及合乎比例的字体、留白，创造鲜明、形象的用户界面视觉语言，为用户提供操作指引，吸引用户沉浸其中。与此同时，谷歌认为"有意义的动画效果"（简称动效）不但可以有效地暗示、指引用户的行为，而且能够改变整体设计的触感。有意义的、合理的"动效"可以使物体的变化显得更连续、更平滑，可以使用户更加专注于正在以及将要发生的变化。

iOS与安卓的差异体现在界面语言依托的平台，一个是统一，一个是框架。到底哪个能代表未来，双方依旧在激烈地竞争。针对iOS，安卓确立了"和而不同"的宣传点。在一个网络宣传片中，安卓以钢琴曲为喻，强调在统一框架下只有丰富的才是最好的，执着强调音调的一致只能使乐曲沉闷无趣。苹果当然对此不以为然，它自有优势。但无论怎样，双方竞争的焦点集中在界面设计上，这说明界面设计已经成为可移动掌上电脑最重要的一个组成部分。没有好的界面语言，即使拥有更快、更好、更稳定的系统也没有办法发挥功用。当手机屏幕的分辨率可以与台式电脑的分辨率达到同等水平，甚至更高的时候，用户会更愿意使用手机，因为手机突破了使用地点的限制，控制方式也更为直接和快速。相对于电脑，触屏式智能移动设备的发展虽然只是近些年的事，但很多人都会发现，我们已经习惯了触碰这种交互的方式，有时我们会不自觉地在台式机的屏幕上使用触碰手势。正是触碰式屏

146

幕技术的发展成就了如今界面当道的时代。

整体之美

屏幕在出现之初，最重要的价值是"展示"与"重现"。它带给人们的心理冲击是，原来我们不仅可以再现真实，还可以动态地再现真实。它与人的交互方式是我们可以决定看或不看，以及在有限的范围内看什么，至于看的内容则是事先设定，并不以单一用户的意志为转移。这个时候的界面是硬界面，扭动、按动、拉动是主流。对于用户来说，这些动作已经代表着"摩登"了。在乔纳森·斯威夫特1726年创作的小说《格列佛游记》中，超越现实的情节还是一种天马行空式的幻想，而19世纪的科幻作家凡尔纳已经开始考虑未来的真实了。屏幕为这些想象提供了完美的平台，科幻电影是电影家族重要的类型之一。不可思议的未来、机器的奇迹、疯狂的科学家、星球、太空等，人们通过这些电影预测着未来，而屏幕技术的发展拉近了这些预测与现实的距离。

当屏幕成为电脑的标配，"输入—回应"式的交互方式将电脑与用户紧密连接起来。从军用到商用再到民用，用户范围不断扩大，硬界面过渡到软界面。界面的发展更加符合个体用户的期待，图形用户界面的概念得以确立，用户能力逐渐提高，反过来又影响了技术的发展方向。随着像素、分辨率、色域、可视面积、对比度、响应时间等屏幕技术的核心元素的大幅提升，界面可呈现形式的自由度变得越来越大，色彩越加清晰艳丽，尺寸越加灵活多变，操作越加简单方便。电脑设计和实物设计之间的界限正在消失，只要想得到的几乎都可以变为现实。但设计依然有好坏之分，那么什么是评判的标准？

笔者认为设计从来不是孤立的存在，所有的设计都是在各种约束下解决问题。对于界面来说，当技术处在初始阶段时，过高的设计要求不过是妄谈，技术先行、技术导向才是根本。而当技术发展到一定程度时，为设计提供的空间就扩大了，这时设计的重要性才会显现出来。因为技术的发展从根本上说需要应用，而无论是应用在哪里，都会有应用的对象——用户，用户的需求就是设计的服务对象。在界面发展的初始过程中，工程师是最先出现也是最重要的角色，在界面发展的关键节点，我们都能看到设计师、艺术家的身影。正是因为他们的加入，图形用户界面才得以更好地呈现。目前，工程师与设计师还以各种方式合作着，但通过苹果公司改版后的《人机界面指南》将"整体之美"原则列为首位这一事件，我们会对设计师在界面发展中的位置有新的理解。在笔者看来，能做出好的界面设计的人应该是跨领域的。他一方面清楚地知道技术的发展程度与技术实现的底线，另一方面要了解用户的需求，并且有能力为用户提供更多。

现在的设计师已经可以使用更好的技术，但设计的本质并没有太大的改变，它结合了艺术与实用。对艺术史有些了解的人都知道，没有什么是完全前所未有的，人类总是仰仗以往的经验，只是有些经验离现在很近，有些离现在很远，灵感的闪现也通常有促发点。屏幕是虚拟的窗口，界面是想象中的桌面，我们会在桌面上放置图形，这很大程度上源于人们有整理、归类的习惯。艺术家之所以会习惯利用屏幕上的像素点来作画，是因为地毯、刺绣、马赛克镶嵌画等从根本上说都是利用点的排布而创作的艺术。这个道理不仅体现在艺术史学科上，在社会学、历史学、信息传播学等一众人文学科上也有相似的体现。麦克卢汉在《理解媒介》中指出，每一种媒介的内容是另一种媒介。[1]媒介会变得越来越复杂，随着时间的先后而出现等级，较老的媒介总是较新媒介的内容。例如，电影作为一个较老的媒介总是较新的媒介电视和电脑的话题与内容。好的设计是社会环境、技术发展、用户需求与艺术审美综合作用的产物，媒介本身并不是全部，重要的是设计师要清楚能够做到什么、人们需要什么以及可以使用怎样的工具。

全地域网络模式下，与其说人们离不开电脑，不如说人们离不开网络。在我们的日常生活中，每到一个新的地点，我们最先考虑的往往是网络，WiFi

---

1　［加］马歇尔·麦克卢汉:《理解媒介: 论人的延伸》，何道宽，商务印书馆，2000 年，第 35 页。

信号的强弱直接影响到我们对一个地点的感受。在这样的情形下，电脑的身份发生了重要的改变，它从个人工作辅助工具转化为网络信息生产与传播、团队工作辅助工具及社交集散地。与此同时，屏幕技术的表现性提升到了前所未有的程度，人们几乎已经忘了就在十年前，我们还在使用毫无图形表现力的电致发光屏。非凡的屏幕技术为当下的界面设计提供了更大的自由度，出现了更多、更方便的界面功能。经过开发者和设计师数十年不懈的努力，电脑用户群体不断扩大，世界各地的人都用双手灵活地在键盘上敲击，在触摸屏上滑动，在手写板上画画。以往通常需要各种复杂设备的专业性工作如今变得简洁而亲民，屏幕就像一个大大的吸盘，正在吸纳社会生活的方方面面。屏幕改变了人类看待世界的方式，改变了家庭模式，更改变了人与人之间的关系，甚至改变了人本身。网络世界的虚拟身份既与现实世界密不可分，又可暂时让人们脱离现实世界，表达不同的自我。人们通过输出、输入设备操作各种模式的界面，在各电脑终端运行应用程序成为现代人必不可少的生活方式，这就像建造另一座"通天塔"。在现有屏幕技术下，用户与电脑互动的途径更加多样、快速和便捷。

用户位于界面前端，利用现有输入输出方式（鼠标、键盘、显示屏、触摸屏等）操作各种模式界面——WIMP界面、基于网络的界面、基于手势的界面、基于语音的界面等，在各种电脑终端运行应用程序。应用程序是否有益于用户，不仅与输入输出方式有关，还与界面有关。技术为界面的自由度提供空间，技术越初级，界面设计空间越小，与用户的隔阂越大；技术越高级，界面设计空间越大，与用户就越贴合。就目前而言，同以往相比，与界面密切相关的屏幕技术已经发展到一定的高度，而对界面设计的限制越来越小，这加深了用户对界面的依赖，好的界面设计就显得更加重要了。与此同时，界面的内涵和外延也发生了扩展。在电脑还是个人工作辅助工具的时代，界面包括WIMP构成的桌面与程序界面。程序在很长时间内只有屈指可数的几个——计算器、文字编辑器、画图工具、简单游戏等。但就目前而言，在界面涵盖的内容里，桌面只是很小、几乎已经定型的一部分，广大的基于网络的界面以及基于手势、语音的界面正在扑面而来，界面设计已经发展成为系统的领域。在这种条件下，笔者认为当前界面的发展应遵循几个原则。首先是"更简单直接"，科技面前人人平等，设计师的工作应该尽可能地使更多的用户感受到科技的便捷，任何可能造成用户迷惑的设计都应尽量避免。用户可以不用再保存复杂的说明书，在驾车、走路、排队时可以轻松有效地使用界面。其次是"更安全，回馈更清晰"，用户不用担心数据的外泄、丢失，在使用界面时不用担心意外发生率。大数据为用户提供便利的同时，也带来了恐慌，网络身份与现实身份连接得更加密切，关于隐私的保护与界面操作的安全性应是未来的重点发展方向之一。再次是"更干净的环境"，用户可以专心于界面操作而不被无关的事件干扰；同时，需要增强程序关联性，避免用户在复杂结构中不断地寻找。最后是"界面和内容更加协调"，用户忽略界面的存在而更好地使用其中的内容应是界面设计的较高境界。设计不是为了更明显、更突出，过分的美化并不会使结果变得更好，反而是对用户的不尊重。

新突破的契机

"媒介"翻译自英文词汇"Medium"，拉丁词源是"Medius"。"媒介"意味着"处于中间"，有"沟通"的意味，其概念在历史上比较复杂，今天我们使用的"媒介"含义始于20世纪60年代，这正是电视、电脑发展的重要时期。中文翻译成"媒介"是非常恰当的，所谓"媒"，《周礼》说"谋合异类使和成者"；而所谓"介"，《荀子》说"诸侯相见，卿为介"。这两个字很好地说明了该词汇包括"处在中间重要位置，具有沟通作用"的含义。从广义上说，语言、文学、音乐都是媒介，但因为它们不是通过社会组织建立并传承的，因此是"非正式媒介"。我们现在经常讨论的媒介是指在社会结构中有组织的信息传播机构或方式，如报刊、电影、广播、电视、电脑等。从功能上来看，媒介有观察、存储及处理、传输、传播之分。

德国的传播学家普罗斯将媒介划分为第一媒介、第二媒介和第三媒介。

第一媒介是指语言和非语言的表达方式，如手势、体态、舞蹈和戏剧等，关键点在于发送者和接受者之间没有工具。第二媒介是指必须借助工具实现信息的制作和生产，如烟信号、界碑、旗帜信号、书写以及打印的文本等，这要求接收者必须识别才能读懂。第三媒介指不但在制作阶段，而且在接收阶段都必须使用工具，如电影、激光唱片、广播、电视、电脑等，如果没有工具，这些媒介是没有作用的。普罗斯的分级显示了媒介的技术化程度。

麦克卢汉提出了"大众媒介"的概念。大众媒介被认为是那些由技术产生并大量传播的信息工具。这一概念的出现与电影、电视、电脑发展的大背景密切相关。大众媒介具有强大的力量，能在相当大的范围内造成影响；它也具有一定的不确定性，有积极的作用，同样也会带来危险。是鼓励，还是限制，这是一个衍生命题。但无论怎样，大众媒介的发展不可遏止，并带给人们新的认识和思考，比如关于人与时间和空间的关系、人与物的关系、人与社会的关系以及人与自然的关系。

麦克卢汉提出"大众媒介"的时候，电影、电视还是新兴媒体，电脑还处在技术攻坚的阶段。时至今日，这些媒介依然共存，但影响力已彻底改变。电脑变成最名副其实的大众媒介，遍布全球的网络几乎将世界所有的区域连接起来。网络民意成为社会舆论中不可忽视的力量。现实中的人越来越习惯站在屏幕的前面表达内心的情绪，新兴语汇层出不穷。其优势在于每个人都拥有说话的权利，但也随之而来很多新的问题，比如"网络暴力""灌水"等。在这个与现实有紧密关系的虚拟世界，个人被无限放大了，满意就去点赞，不高兴就去吐槽。聚沙成塔的网络评论对电影票房会产生直接的影响，视频弹幕将娱乐与社交连接起来，艺术、写作等原有社会模式下精英群体从事的工作，门槛正在变低，更多的人不再只是仰视，而是将电脑网络作为自己的发布平台。网络神曲、热门网络小说等层出不穷，电脑正在一点点蚕食现实世界的原有生活模式。当然，我们的"现在"只是漫长历史进程中的一小部分，也许不久的将来，当人们走进博物馆的时候，会看到我们今天使用的笔记本电脑、台式机，甚至是平板电脑。那改变的契机是什么？

笔者前文已经论述，在可见的范围内，屏幕技术会朝着材质革命、显示方式与操作方式变革三个方向并行发展。经过数十年的开发，屏幕的二维显示能力已毋庸置疑，多点触控、按压触控的出现及应用也使屏幕触碰式的操作方式的优势发挥得淋漓尽致。近几年内，屏幕依然会以玻璃为介质，变得更大、更薄、更轻、更耐用、更明亮以及更清晰。屏幕在形状上会有一些变化，比如可以弯曲、折叠等。电子纸（图7-8）已经出现，主要采用电泳显示技术（EPD, Electrophoresis Display），它可以像纸一样薄，可以弯曲和擦写，很有可能在不久的将来发挥重要的作用。如果电子纸能够替代纸，将有可能促进能源的节约。目前，世界上很多电脑技术巨头，比如施乐、朗讯、爱普生等都掌握了这种技术，其中也包括中国的一些技术公司及研究机构。事实上，电子纸的设想早在20世纪70年代能源危机背景下就开始了，在21世纪初出现了一些原型。电子纸的显示效果、视觉观感都与自然纸张接近，又能够快速刷屏，并且比液晶显示器更省电，更方便携带。最重要的是，电子纸依靠的是反射环境光来显示图像，因此不受太多外界环境的限制。电子纸不用手动调整亮度，对电池要求不高，不会因为观看时间过长而引起用户眼睛疲劳。虽然电子纸有这些优点，但目前来看，相关技术还处在攻坚阶段，响应速度、连续显示色彩等问题还需要进一步解决。想象一下，如果办公室少了大量的纸张，办公环境将会显得更有科技感；如果手机可以折叠，它的携带方式便可能会发生改变，比如可以扣在手腕上，人们就能避免到处找手机的困扰；电脑也可能会和办公环境融为一体，从而告别"主机—屏幕—键盘—鼠标"的标准配置模式。

屏幕操作方式也会发生相应的变化，多点触控、按压式触控将在更大范围内实现。在手势的帮助下，屏幕会变得与人更为亲近。手作为人使用工具的重要器官，接收大脑的直接指令后在屏幕上扩大、缩小、滑动、点击、按压、试错等行为都将更接近本能。也许，你同笔者一样，经常听到有人说现在的孩子就好像为电脑而生的一样，天生对电脑就有极强的操控性。事实上，这是电脑找到了与人更亲近的方式。电脑终于成为与汽车不同的工具，不需要考驾照，孩童也可以自然地用它进行学习及娱乐。作为手势的辅助，声控的发展前景也初显端倪，苹果iOS已经有声控助手Siri，虽然在声音辨识的精确

图 7-8　柔性电子纸

度方面还有瑕疵，但它在声控技术方面已经有了极大的进步。语音将是屏幕操作中继手势之后的又一亮点，比如有语音输入、语音陪伴、语音控制等。而屏幕显示方面，二维已经不能满足市场需求，三维将会是更好的选择。

　　随着以玻璃为屏的技术走向极值，在一段时间内，人们会开动脑筋扩大屏幕外延，有玻璃的地方就会有屏幕，比如车窗、窗户、镜子、相框等。将来人们可以一边看新闻一边对着镜子刷牙，社会公共区域也不用再将显示屏高高挂在墙上，甚至建筑本身所有电力、电话和互联网的各种连接插头都会消失，墙面都由一种类似电子屏幕的物料组成，而所有电器都是无线通电的。灯饰也将会消失，因为天花板和任何一面墙都可以变成照明设备，而且能按程序设定营造出不同的照明效果。不过这也有可能会引发另外的问题，比如你一出门，可能会被生动的巨型动物吓到，也会被无处不在的广告困扰。三菱公司正在研究一种可用于公共空间的悬空显示技术，它利用复杂的光学原理，在户外屏幕上合成好像飘浮在空中的三维图像。但终有一天，人们会考虑放弃屏幕实体。需要说明的是，笔者在本书中提到的屏幕玻璃材质，并不专指物理意义上的玻璃，而是类玻璃表面，也可能是透明膜。

放弃玻璃屏幕后，传统平板状实体将逐渐消亡，最佳替代品是虚拟现实。目前这一趋向已有端倪，虚拟现实和增强现实就是标志未来的产品。"虚拟现实"概念出现于20世纪80年代，是指通过实体行为使用户沉浸在所营造的三维动态实景中的技术。这种技术有很强的现实意义，可为城市规划、特殊行业培训、可移动及不可移动文物保护与修复等众多领域提供帮助。目前，市面上已经出现相关产品，例如Oculus Rift（图7-9），它主要用于提升游戏中

图7-9　Oculus Rift

用户身临其境的体验。Oculus Rift使用头戴显示设备，在实景营造方面积累了一些经验，它的发展只是时间问题。增强现实技术是将虚拟的视像整合到现实场景中，并支持用户与其进行交互。与虚拟现实不同的是，增强现实用户在对自身存在感的体验方面有所差异。

对于增强现实来说，虚拟的视像被整合在现实场景中，人们感受到的还是现实，只不过为现实增添了新的"家具"，如界面、操作按钮、数据、文字和用户想看的各种内容等。它不是使用户处在其他地方，而只是增强用户目前存在的状态，宝马MINI的Reality Goggles（图7-10）、谷歌眼镜（Google Glass）和微软的HoloLens就是如此。以Reality Goggles为例，用户佩戴眼镜后，屏幕不但能显示个人信息，还可以显示速度、导航、电话等辅助内容，甚至通过安装在车外的摄像头，用户还可以实现"透视眼"，将车外各个角度的实际情况尽收眼底。而对于虚拟现实来说，人们的体验是融合在虚拟实景里，完全与周围的现实世界脱离。

人体感官在引导下从现实走向虚拟，人们不再是坐在窗口前观看，而是打开门走进去。这极有可能是未来屏幕演变的最终形态。通过重新构建一个世界，人类将会为自己的人生体验带来质的飞跃，如可以置身太空看到浩瀚的星系，也可以置身远古时代观看恐龙的迁徙。与增强现实相比，虚拟现实的沉浸感更强；与虚拟现实相比，增强现实的自由度更大。因此，增强现实应用的范围将更广泛，而虚拟现实将在特定领域具有明显的优势。无论是增强现实还是虚拟现实，其发展速度都是越来越快，但就目前来说，它们依然是少数发烧友或技术人员的试验品。其主要阻力来自电脑实时渲染高清三维图像的能力，只有解决这个问题，才能使用户自然感受虚拟实景的存在。

作为屏幕技术的衍生品与界面设计方式，图形用户界面将会以屏幕技术的改变为契机走向发展的新道路。首先，其发展重点会有所偏移，从桌面走向内容。随着用户能力的不断提升，桌面本身已经显得不太重要，重要的是其中蕴含的各种内容。应用界面将代替桌面成为界面发展的主要课题。怎样支付更简单与更安全、各种应用之间怎样能更好地连接、应用在不同设备或不同系统中怎样能更好地兼容、社交怎样能更便捷等，这些都是界面设计在

图 7-10　宝马 MINI 的 Reality Goggles

一段时间内面临的问题。这不是未来，而已经是"现在进行时"。如果细心一些，我们会发现当打开电脑或使用手机时，停留在桌面上的时间已经在不断减少，通常情况下我们都会停留在各种应用界面上。在屏幕打破材质界限后，由界面构成的边界在一段时间内还不会消失，因为虚拟世界与现实世界连接的大门还需要界面进行索引。那时的界面设计将会围绕虚拟实景进行，在增强现实的条件下，如果我们想丢掉一个文件，也许只需要伸出手抓起它，再抛到虚拟的垃圾桶里去。而在虚拟现实条件下，我们面对的可能是一扇扇门，走错了，那么就转身走出去。虽然如此，但界面语言可能会发生改变，人们将找到另一种现实世界与虚拟世界连接的方式，也可以在虚拟的迷宫中前行。这种方式一定存在，例如声控、手势、人脸识别、动作捕捉等。如果通过更有效的方式就可以传达指令并获得回应，图形界面语言就会失去很大的阵地。

　　未来我们需要全新的界面设计语言，来应对现实世界与虚拟世界的连接和交互。在技术及界面结构变化的影响下，界面设计语言将从被动转向主动，这是因为人们表达需要的方式将变得更为直接。关于呼唤，界面设计语言在"整体之美"的原则下应该有自己的应对策略，例如减少关注机器的震动，而重视用户的力度；减少关注屏幕的亮度，而重视用户环境的亮度；减少关注屏幕界面的平滑度，而重视用户在屏幕上的触感；减少关注界面的速度感，而重视用户的反应时间；减少关注界面的图形设计，而重视字体设计；减少关注界面上的颜色，而重视界面的动态效果；减少关注手指输入，而重视语音输入；减少关注人与机器的互动，而重视人与人的互动；等等。人与人的互动是根本，人与机器的交互在根本上解决的是人与人互动的各种限制，界面设计语言应该变得更为智能，大数据分析及试错计算将用来判定用户到底需要什么样的沟通方式。

结论

消失的边界

要准确预测未来，最好的办法就是去创造它！

——艾伦·凯

笔者从现实世界与虚拟世界交互体验的角度，梳理了在屏幕技术发展影响下，界面设计酝酿的环境、生发的基础、建构的方法、未来的趋势以及变化的契机。这种分析和讨论的意义在于探索界面设计的未来——与屏幕技术紧密相关的界面会往何处去；设计师如何掌握界面发展的方向，创造出更适合未来发展的界面设计，提供更深入的内容和服务，以及更加差异化和人性化的应用，使更多的用户受益。

本书首先讨论了屏幕技术与界面设计之间的重要关联，这在以往设计领域的相关研究中是不曾提到的。从实物窗口走到虚拟窗口，人们面对的不只是一个单纯的科技产品，而是对智能时代生活方式有重要影响的虚拟平台。屏幕带来了视觉体验的革命，人们最终通过界面设计对社会生活的方方面面进行重新整合，科技显得更有价值。这是科技发展的选择，也是科技发展的必然。从20世纪屏幕普及以来，由于受到技术发展的限制，视觉形态存在的媒介方式分化为两种：一种是纸面上的印刷媒介，另一种是存在于辅助图形制作工具中的临时媒介——屏幕上的数字媒介。它们呈现为原子和比特两种形态，带给人们两种完全不同的视觉经验：一种是通过自然光阅读的反光体，另一种是可自发光的反光体。屏幕技术是发光体发展的基础，其前进的方向是具有替代性的融合，既能保留原子形态下良好的阅读习惯，又能加入比特形态的交互性和无限可能性。当今正处于一个新旧交替的交互时代，我们和电脑或机器之间的交互大多还处于视觉层面，从视觉经验来讲，其与观看电视或电影没有本质区别，但屏幕技术发展所引发的界面设计，将把人类带入身体动作与视觉活动相关联的全新交互方式之中。我们越早认识到这点就能越快看清未来世界的面貌，忽视屏幕技术与界面设计的关联，将界面设计囿于美学层面的讨论是一个错误的方向。

屏幕技术突破材质的界限，进入另一种表现方式：摆脱科技的疏离感，与现实世界融为一体。超越纸张清晰度和低于纸张成本的屏幕介质的出现，将会再次颠覆人类的视觉体验和生活习惯。随着多维投影技术和空气投影技术的突破，用户能够回归真正的"桌面"，操作真实世界的物体与虚拟世界进行交互。不再使用隐喻而是直观地显现，这将使用户看到原本看不见、触不到的真实幻象。届时，身体会成为重要的界面，界面操作会从屏幕、人类手部延伸到整个身体，身体的各个部分都有可能操作界面。这会对界面提出新的需求，从而出现新的界面设计，同时界面之间的联动趋势也开始显现，身体动作会与视觉联动，从而形成更真实的交互。我们的大脑在处理界面视觉内容的过程中必将变得更加平顺和稳定，人们会更加习惯和依赖三维真实空间中的交互，而二维的虚拟界面空间将被淘汰。三维空间的界面语言将会彻底改变图像的存在形态，图像和物件在视觉经验上日渐趋同。这将导致人们忽视图像或物件外观，而转向交互的过程及结果。设计师的工作亦会随之发生改变，变得更加即时，与用户同步，以及走向与用户的交互体验。

在梳理了屏幕技术与界面设计的紧密关联后，本书聚焦于界面设计的形成、发展和未来趋势，以及人们如何一步步熟悉并灵活运用界面语言来获取信息。"显示即操作"引导界面设计走上快速发展的道路，并重塑了设计师的工作，隐喻式的方法成就了目前应用最为广泛的界面设计——图形用户界面设计。图形用户界面所推崇的"所见即所得"，在成功地把人类带到人人能用电脑的年代后，又即将达到"所得即所想（What you get is what you think）"，这将改变界面语言目前过于依赖视觉的态势，现有的以图形为基础的界面设计也需要做出新的改变。界面设计语言必将快速发生变化，因为屏幕技术已经渗透到不同领域，屏幕不只限于视频播放，家庭电器、家居产品、交通工具、随身用品也都需要屏幕。这个屏幕不一定再以视觉为中心，而是以使用者为中心，就像现在的滚动条一样，屏幕也将会怕被看得见。

　　未来的设计师不再单单使用眼睛来设计，而是需要将听觉、触觉都作为重要的设计元素。这些未被开发的感官知觉甚至会超越视觉本身。除了嗅觉和味觉，笔者认为其他感官知觉交互结合的道路还未出现。设计内容的改变会带来新的职业，比如体感设计师（图8-1），以身体为界面的交互语言设计将成为一大设计主流，身体作为界面将会给用户一个即时的、直观的与虚拟世界沟通的方式。体感设计师会模糊虚拟世界和真实世界的界限，换句话说，体感设计师的重要工作是将在虚拟世界的感受模拟到真实世界里。屏幕和界面将成为两个世界的连接窗口，提升界面设计成为未来设计的发展方向。

　　随着智能化的不断深入和扩展，大部分用户对图形界面的认知会达到一个高度自主和独立思考的程度，操作系统将会以内容为主体，界面设计语言的各个要素的分布位置将逐渐隐退，融入内容之中。分辨率和像素的语言概念会逐渐消失或者不再重要，屏幕技术会把清晰度推向极限，突破材质限制的屏幕比例和观看距离将会是界面语言设计的重要项目。人与机器交互的根本目的是回到人与人之间高效的交流，用户的需求是技术及设计语言发展的唯一原动力。

　　本书从始至终认为屏幕技术是界面设计的发展基础，在设计领域中不应该被忽视，它的发展与界面设计的发展密切相关。笔者认为，正是这项技术及其营造的界面视觉语言，在很大程度上塑造了我们现在的生活方式，其

图 8-1 体感设计师在使用 Leap Motion

图 8-2 未来的界面 Reality OS

发展也必将对界面设计语言的发展产生重要影响，而界面设计语言会是未来设计实践的重要方向，是人类视觉体验革命的关键。屏幕建立了边界，这个边界具有无限的融合性和兼并力，不仅体现在外化的物质上，还体现在人的心里。物与物的边界在消失，物质实体之间的界限被打破，社会产业走向融合，新的商业模式不断涌现。地域间的差异感和滞后感在消失，人与人之间的关系变得更加紧密；人与虚拟世界的边界在消失，人们看待世界的方式以及生活方式都发生了翻天覆地的变化。壁垒的打破使得我们的生活更加便捷。无论是工程师还是设计师，都应更好地利用这个机会不断自我拓展，使更广泛的用户受益，真正实现科技面前人人平等。

参考文献

中文著作

李四达编著：《数字媒体艺术史》，清华大学出版社，2008年。

顾丞峰：《现代化与百年中国美术》，河北美术出版社，2008年。

黄俊民等编著：《计算机史话》，机械工业出版社，2009年。

段京肃：《大众传播学：媒介与人和社会的关系》，北京大学出版社，2011年。

尤春芝：《二语阅读研究：屏幕阅读和纸质阅读》，贵州大学出版社，2011年。

尹定邦、邵宏主编：《设计学概论》，人民美术出版社，2013年。

宋方昊编著：《交互设计》，国防工业出版社，2015年。

论文与文章

潘睿敏、李晓华:《浅谈彩色PDP的现状与发展》,《电子器件》2000年第2期。

高德勋:《e-Book是纸介质书籍的终结者?》,《印刷世界》2002年第4期。

马学强:《虚拟现实的关键技术研究与实现》,山东科技大学硕士学位论文,2003年。

刘欣铭、张广斌、陈骞:《LED显示屏技术综述》,《黑龙江电力》2003年第4期。

郭晓东:《基于DSP的彩色TFT-LCD数字图像显示技术研究》,华中科技大学硕士学位论文,2004年。

黄艳芳:《现代化座舱和先进飞行控制系统》,《兵器知识》2004年第6期。

付永刚:《桌面环境下的三维用户界面和三维交互技术研究》,中国科学院研究生院(软件研究所)博士学位论文,2005年。

付永刚、张凤军、戴国忠:《双手交互界面研究进展》,《计算机研究与发展》2005年第4期。

刘国华:《大型产品虚拟装配系统中人机交互关键技术的研究》,哈尔滨工业大学博士学位论文,2006年。

高岩、陶晋、洪华:《软硬界面协同影响下的用户体验》,《艺术与设计(理论)》2008年第11期。

田中直树:《壁挂式电视40年发展历程》,易行译,《电子设计应用》2009年第7期。

李文芳:《从平面到屏面现代技术下的书籍设计研究》,东北师范大学硕士学位论文,2010年。

孙绍谊:《从电影研究到银幕/屏幕研究:安妮·弗雷伯格〈虚拟视窗〉读后》,《电影艺术》2010年第5期。

林芊:《手机字体设计研究》,山东工艺美术学院硕士学位论文,2011年。

胡中平:《屏幕汉字字体初探》,湖南师范大学硕士学位论文,2011年。

肖蒴:《球面触控交互系统设计与实现》,华中科技大学硕士学位论文,2012年。

周来:《面向虚拟现实飞行模拟训练的视觉手交互技术研究》,南京航空航天大学博士学位论文,2012年。

吕明、吕延:《触摸屏的技术现状、发展趋势及市场前景》,《机床电器》2012年第3期。

李联益:《TFT-LCD液晶显示技术与应用》,《韶关学院学报》2012年第4期。

丁蕾:《数字媒体语境下的视觉艺术创新》,南京艺术学院博士学位论文,2013年。

吕伟振:《大屏幕超薄投影显示技术的研究》,中国科学院研究生院(长春光学精密机械与物理研究所)博士学位论文,2014年。

唐振强:《支持移动学习的Android屏幕共享研究》,东北师范大学硕士学位论文,2014年。

李昀桐:《交互设计中的软硬界面设计》,《艺术与设计(理论)》2014年第7期。

苏状、马凌:《屏幕媒体视觉传播变革研究》,《南京社会科学》2014年第8期。

郭倩雯:《大屏幕认知研究及其在界面设计中的应用》,北京邮电大学硕士学位论文,2015年。

杨辉:《笔+触控界面中基于压力的交互技术的研究与设计》,昆明理工大学硕士学位论文,2015年。

何贞毅:《混合现实眼镜的交互设计与应用研究》,上海交通大学硕士学位论文,2015年。

张斌:《屏幕研究:"元媒介"时代影视研究的融合路径》,《暨南学报(哲学社会科学版)》2015年第7期。

中文译著

［加］马歇尔·麦克卢汉：《理解媒介：论人的延伸》，何道宽译，商务印书馆，2000年。

［加］麦克卢汉、秦格龙编：《麦克卢汉精粹》，何道宽译，南京大学出版社，2000年。

［美］派提特、海勒：《平面设计编年史》，忻雁译，上海人民美术出版社，2007年。

［美］罗德曼：《认识媒体（插图第2版）》，邓建国译，北京世界图书出版公司，2010年。

［法］戎跋：《数码村：网络第二生涯》，汪晖译，中国传媒大学出版社，2010年。

［加］文森特·莫斯可：《数字化崇拜：迷思、权力与赛博空间》，黄典林译，北京大学出版社，2010年。

［美］比尔·莫格里奇：《关键设计报告：改变过去影响未来的交互设计法则》，许玉铃译，中信出版社，2011年。

［英］科尔伯恩：《简约至上：交互式设计四策略》，李松峰、秦绪文译，人民邮电出版社，2011年。

［美］施耐德曼、普莱萨特：《用户界面设计：有效的人机交互策略（第5版）》，张国印等译，电子工业出版社，2011年。

［美］汤姆·米歇尔：《图像学：形象，文本，意识形态》，陈永国译，北京大学出版社，2012年。

［加］维格多、［美］威克森：《自然用户界面设计：NUI的经验教训与设计原则》，季罡译，人民邮电出版社，2012年。

［美］莱文森：《新新媒介（第2版）》，何道宽译，复旦大学出版社，2014年。

［美］拉杰·拉尔编著：《UI设计黄金法则：触动人心的100种用户界面》，王军锋、高弋涵、饶锦锋译，中国青年出版社，2014年。

［美］前田约翰：《简单法则：设计、技术、商务、生活的完美融合》，张凌燕译，机械工业出版社，2014年。

［美］唐纳德·诺曼：《设计心理学1：日常的设计》，小柯译，中信出版社，2014年。

［美］库伯等：《About Face 4：交互设计精髓》，倪卫国等译，电子工业出版社，2015年。

［英］艾林伍德、比尔编著：《国际经典交互设计教程：用户体验设计》，孔祥富、路融雪译，电子工业出版社，2015年。

［英］司迪恩：《国际经典设计教程：交互设计》，孔祥富、王海洋译，电子工业出版社，2015年。

［奥］纽拉特、［英］金罗斯：《设计转化》，李文静译，中信出版社，2015年。

［美］斯克莱特、莱文森：《视觉可用性：数字产品设计的原理与实践》，王晔、熊姿译，机械工业出版社，2015年。

［美］斯科特、尼尔：《Web界面设计》，李松峰译，电子工业出版社，2015年。

外文书籍

关于屏幕技术

Achintya K. Bhowmik, Zili Li, Philip J. Bos, *Mobile Displays: Technology and Applications*, Wiley, 2008.

Anne Friedberg, *The Virtual Window: From Alberti to Microsoft*, The MIT Press, 2006.

Janglin Chen, Wayne Cranton, Mark Fihn, *Handbook of Visual Display Technology*, Springer, 2012.

Kevin B. Bennett, John M. Flach, *Display and Interface Design: Subtle Science, Exact Art*, CRC Press, 2011.

Achintya K. Bhowmik, *Interactive Displays: Natural Human-Interface Technologies*, Wiley, 2014.

关于界面

Apple Computer, *Human Interface Guidelines: The Apple Desktop Interface*, Addison–Wesley, 1987.

Gerfried Stocker, Christine Schöpf, *Code – The Language of Our Time*, Hatje Cantz, 2003.

Jenifer Tidwell, *Designing Interfaces: Patterns for Effective Interaction Design*, O'Reilly Media, 2005.

Wilbert O. Galitz, *The Essential Guide to User Interface Design: An Introduction to GUI Design Principles and Techniques*, Wiley, 2007.

Ben Shneiderman, Catherine Plaisant, Maxine Cohen and Steven Jacobs, *Designing the User Interface: Strategies for Effective Human-Computer Interaction*, Pearson, 2009.

Dan Saffer, *Designing for Interaction: Creating Innovative Applications and Devices*, New Riders, 2009.

Jesse James Garrett, *The Elements of User Experience: User-Centered Design for the Web and Beyond*, New Riders, 2010.

William Lidwell, Kritina Holden, Jill Butler, *Universal Principles of Design*, Rockport Publishers, 2010.

Christian Ulrik Andersen, Soren Bro Pold, *Interface Criticism: Aesthetics Beyond, Buttons*, Aarhus University Press, 2011.

John Harwood, *The Interface: IBM and the Transformation of Corporate Design, 1945-1976*, Onioersity Of Minnesota Press, 2011.

James Pannafino, *Interdisciplinary Interaction Design: A Visual Guide to Basic Theories, Models and Ideas for Thinking and Designing for Interactive Web Design and Digital Device Experiences*, Assiduous Publishing, 2012.

Adrian Mendoza, *Mobile User Experience: Patterns to Make Sense of it All*, Morgan Kaufmann, 2013.

Alan B. Craig, *Understanding Augmented Reality: Concepts and Applications*, Morgan

Kaufmann, 2013.

Rajesh Lal, *Digital Design Essentials: 100 Ways to Design Better Desktop, Web, and Mobile Interfaces*, Rockport Publishers, 2013.

David A. Patterson, John L. Hennessy, *Computer Organization and Design: The Hardware / Software Interface*, Morgan Kaufmann, 2013.

Don Norman, *The Design of Everyday Things*, Basic Books, 2013.

Everett N. McKay, *UI is Communication: How to Design Intuitive, User Centered Interfaces by Focusing on Effective Communication*, Morgan Kaufmann, 2013.

Greg Nudelman, *Android Design Patterns: Interaction Design Solutions for Developers*, Wiley, 2013.

Jeff Gothelf, *Lean UX: Applying Lean Principles to Improve User Experience*, O'Reilly Media, 2013.

Alan Cooper, Robert Reimann, David Cronin, Christopher Noessel, *About Face: The Essentials of Interaction Design*, Wiley, 2014.

Jeff Johnson, *Designing with the Mind in Mind, Second Edition: Simple Guide to Understanding User Interface Design Guidelines*, Morgan Kaufmann, 2014.

Steve Krug, *Don't Make Me Think: A Common Sense Approach to Web Usability*, New Riders, 2014.

Golden Krishna, *The Best Interface Is No Interface: The simple path to brilliant technology*, New Riders, 2015.

Ian G. Clifton, *Android User Interface Design: Implementing Material Design for Developers*, Addison-Wesley Professional, 2015.

John C. Hollar, Core, *A Publication of the Computer History Museum*, 2016.

关于电脑历史

Kent C. Redmond, Thomas M. Smith, *From Whirlwind to MITRE: The R&D Story of The SAGE Air Defense Computer*, The MIT Press, 2000.

Georges Ifrah, *The Universal History of Computing: From the Abacus to the Quantum Computer*, Wiley, 2002.

Elizabeth Raum, *The History of the Computer*, Heinemann, 2007.

Georg E. Schäfer, *History of Computer Science: Technology, Application and Organization*, Books On Demand, 2013.

Mark Frauenfelder, *The Computer: An Illustrated History From Its Origins to the Present Day*, Carlton Books, 2013.

Matthew Nicholson, *When Computing Got Personal: A History of the Desktop Computer*, Matt Publishing, 2014.

Walter Isaacson, *The Innovators: How a Group of Hackers, Geniuses, and Geeks Created the Digital Revolution*, Simon & Schuster, 2014.

Gerard O'Regan, *Introduction to the History of Computing: A Computing History Primer*, Springer, 2016.

图书在版编目（CIP）数据

消失的边界：屏幕技术下的界面设计 / 陈慰平著 . —北京：北京大学出版社，2024.1
ISBN 978-7-301-33453-9

Ⅰ.①消… Ⅱ.①陈… Ⅲ.①人机界面—程序设计 Ⅳ.①TP311.1

中国国家版本馆CIP数据核字（2022）第185970号

书　　　名	消失的边界：屏幕技术下的界面设计	
	XIAOSHI DE BIANJIE: PINGMU JISHU XIA DE JIEMIAN SHEJI	
著作责任者	陈慰平　著	
责 任 编 辑	赵　阳	
标 准 书 号	ISBN 978-7-301-33453-9	
出 版 发 行	北京大学出版社	
地　　　址	北京市海淀区成府路205号　100871	
网　　　址	http://www.pup.cn	新浪微博：@北京大学出版社
电 子 邮 箱	编辑部 wsz@pup.cn	总编室 zpup@pup.cn
电　　　话	邮购部 010-62752015	发行部 010-62750672
	编辑部 010-62707742	
印 　刷 　者	北京中科印刷有限公司	
经 销 者	新华书店	
	720毫米×1020毫米　16开本　11印张　200千字	
	2024年1月第1版　2024年1月第1次印刷	
定　　　价	68.00元